24년 출간 교재 25년 출간 교재

영역	과목	교재	예비 초등	1-2학년	3-4학년	5-6학년	예비중등
쓰기력	국어	한글 바로 쓰기	P1 P2 P3 P1~3_활동 모음집				
쓰기력	국어	맞춤법 바로 쓰기		1A 1B 2A 2B			
어휘력	전 과목	어휘		1A 1B 2A 2B	3A 3B 4A 4B	5A 5B 6A 6B	
어휘력	전 과목	한자 어휘		1A 1B 2A 2B	3A 3B 4A 4B	5A 5B 6A 6B	
어휘력	영어	파닉스		1 2			
어휘력	영어	영단어			3A 3B 4A 4B	5A 5B 6A 6B	
독해력	국어	독해	P1 P2	1A 1B 2A 2B	3A 3B 4A 4B	5A 5B 6A 6B	
독해력	한국사	독해 인물편			1 2	3 4	
독해력	한국사	독해 시대편			1 2	3 4	
계산력	수학	계산		1A 1B 2A 2B	3A 3B 4A 4B	5A 5B 6A 6B	7A 7B

영역	과목	교재	예비 초등	1-2학년	3-4학년	5-6학년	예비중등
교과서 문해력	전 과목	개념어 +서술어		1A 1B 2A 2B	3A 3B 4A 4B	5A 5B 6A 6B	
교과서 문해력	사회	교과서 독해			3A 3B 4A 4B	5A 5B 6A 6B	
교과서 문해력	과학	교과서 독해			3A 3B 4A 4B	5A 5B 6A 6B	
교과서 문해력	수학	문장제 기본		1A 1B 2A 2B	3A 3B 4A 4B	5A 5B 6A 6B	
교과서 문해력	수학	문장제 발전		1A 1B 2A 2B	3A 3B 4A 4B	5A 5B 6A 6B	

영역	과목	교재	예비 초등	1-2학년	3-4학년	5-6학년	예비중등
창의·사고력	전 영역	창의력 키우기	1 2 3 4				
***	* 초등학생을 위한 영역별 배경지식 함양 <완자 공부력> 시리즈는 2024년부터 출간됩니다.						

* 완자 공부력 신간은 계속해서 출간됩니다.

공부로 이끄는 힘!

완자 공부력

교과서 문해력

수학 문장제 | 기본 | 4A

4학년

수학 문장제 기본 단계별 구성

1A	1B	2A	2B	3A	3B
9까지의 수	100까지의 수	세 자리 수	네 자리 수	덧셈과 뺄셈	곱셈
여러 가지 모양	덧셈과 뺄셈 (1)	여러 가지 도형	곱셈구구	평면도형	나눗셈
덧셈과 뺄셈	여러 가지 모양	덧셈과 뺄셈	길이 재기	나눗셈	원
비교하기	덧셈과 뺄셈 (2)	길이 재기	시각과 시간	곱셈	분수
50까지의 수	시계 보기와 규칙 찾기	분류하기	표와 그래프	길이와 시간	들이와 무게
	덧셈과 뺄셈 (3)	곱셈	규칙 찾기	분수와 소수	자료의 정리

수학 교과서 전 단원, 전 영역 문장제 문제를
쉽게 익히고 연습하여 문제 해결력을 길러요!

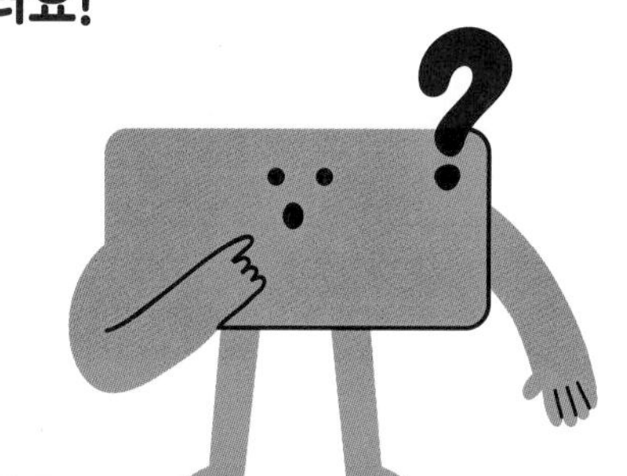

4A	4B	5A	5B	6A	6B
큰 수	분수의 덧셈과 뺄셈	자연수의 혼합 계산	수의 범위와 어림하기	분수의 나눗셈	분수의 나눗셈
각도	삼각형	약수와 배수	분수의 곱셈	각기둥과 각뿔	소수의 나눗셈
곱셈과 나눗셈	소수의 덧셈과 뺄셈	규칙과 대응	합동과 대칭	소수의 나눗셈	공간과 입체
평면도형의 이동	사각형	약분과 통분	소수의 곱셈	비와 비율	비례식과 비례배분
막대 그래프	꺾은선 그래프	분수의 덧셈과 뺄셈	직육면체	여러 가지 그래프	원의 둘레와 넓이
규칙 찾기	다각형	다각형의 둘레와 넓이	평균과 가능성	직육면체의 부피와 겉넓이	원기둥, 원뿔, 구

특징과 활용법

준비하기
단원별 2쪽, 가볍게 몸풀기

문장제 준비하기

준비 계산으로 문장제 준비하기

✦ 계산해 보세요.

1. 487 × 50 = 24350
2. 721 × 30
3. 362 × 84: 1448, 28960, 30408
4. 867 × 23
5. 50)451
6. 14)28
7. 25)76
8. 44)294

계산 문제나 기본 문제를
풀면서 개념을 확인해요!
잘 기억나지 않는 건
도움말을 보면서 떠올려요!

일차 학습
하루 4쪽, 문장제 학습

7일 몇씩 몇 묶음은 모두 얼마인지 구하기

이것만 알자: 한 묶음에 500씩 60묶음은 모두 몇 개 → 500×60

예) 종이컵이 한 상자에 500개씩 들어 있습니다. 60상자에 들어 있는 종이컵은 모두 몇 개일까요?

(60상자에 들어 있는 종이컵의 수)
= (한 상자에 들어 있는 종이컵의 수) × (상자의 수)

식 500 × 60 = 30000 답 30000개

1. 우진이는 줄넘기를 하루에 150번씩 했습니다. 우진이가 25일 동안 한 줄넘기는 모두 몇 번일까요?

식 150 × 25 = ☐ 답 ☐번

2. 도건이네 학교 도서관의 책장 한 개에 책이 265권씩 꽂혀 있습니다. 책장 30개에 꽂혀 있는 책은 모두 몇 권일까요?

식 ☐ × ☐ = ☐ 답 ☐권

하루에 4쪽만 공부하면 끝!
이것만 알자 속 내용만 기억하면
풀이가 술술~

실력 확인하기

단원별 마무리하기와 총정리 실력 평가

마무리하기

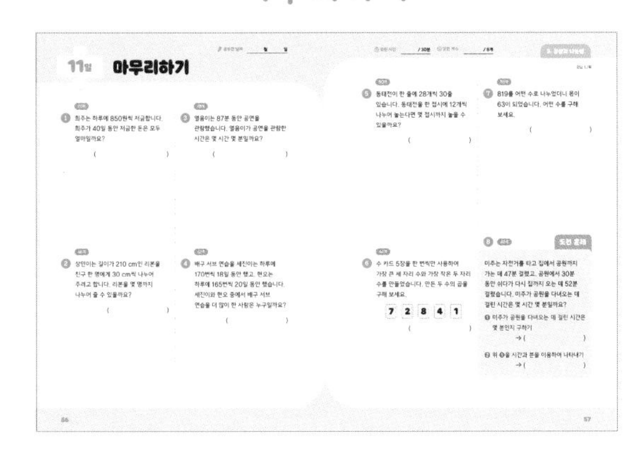

앞에서 배운 문제를
풀면서 실력을 확인해요.
조금 더 어려운 도전 문제까지
성공하면 최고!

실력 평가

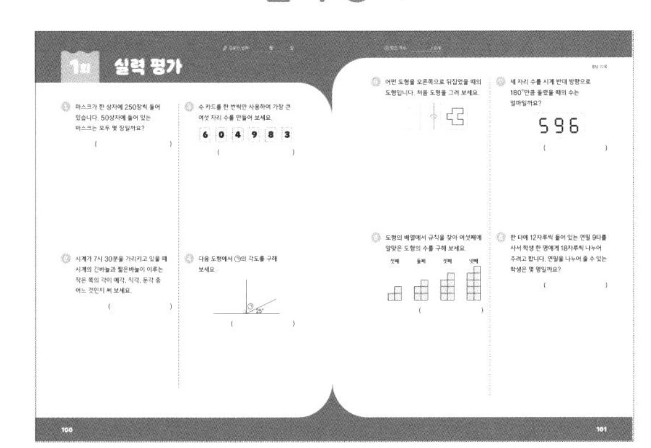

한 권을 모두 끝낸 후엔
실력 평가로 내 실력을 점검해요!
6개 이상 맞혔으면
발전편으로 GO!

정답과 해설

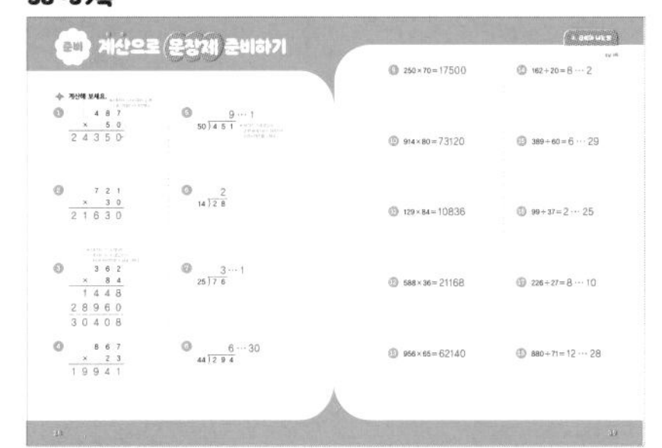

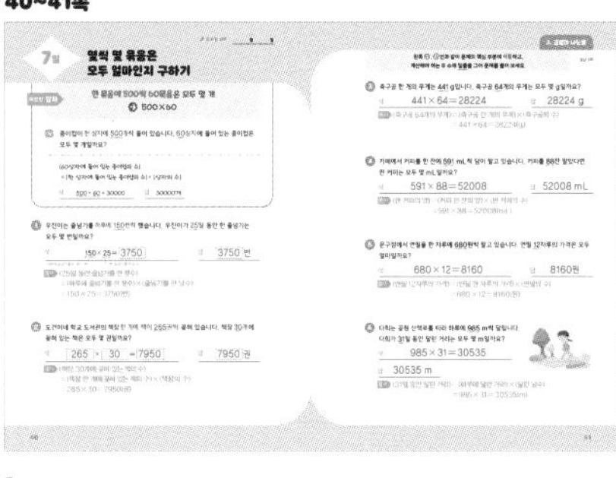

정답과 해설을 빠르게 확인하고,
틀린 문제는 다시 풀어요!
QR을 찍으면 모바일로도
정답을 확인할 수 있어요!

차례

1 큰 수

준비

기본 문제로
문장제 준비하기

1일차

✦ 다섯 자리 수 구하기

✦ 더 많은 것 구하기

2일차
✦ 자릿값 구하기
✦ 수 카드로 수 만들기
3일차
마무리하기

기본 문제로 문장제 준비하기

1 □ 안에 알맞은 수나 말을 써넣으세요.

⇨ 1000이 10개이면 □ 또는 1만이라 쓰고,

□ 또는 일만이라고 읽습니다.

2 □ 안에 알맞은 수를 써넣으세요.

10000이 4개
1000이 2개
100이 0개 ─ 인 수 □
10이 1개
1이 9개

3 86923을 각 자리 숫자가 나타내는 값의 합으로 나타내려고 합니다. □ 안에 알맞은 수를 써넣으세요.

	만의 자리	천의 자리	백의 자리	십의 자리	일의 자리
숫자	8	6	9	2	3
나타내는 값	80000	□	900	□	3

$86923=80000+\square+900+\square+3$

정답 2쪽

4 수를 읽거나 수로 써 보세요.

(1) 450000 ⇨ (   )

(2) 칠천백삼십만 ⇨ (   )

5 밑줄 친 숫자가 나타내는 값을 써 보세요.

수	나타내는 값
$3\underline{8}0200000$	
$7\underline{4}5400000000$	
$\underline{2}6830000000000$	

6 100조씩 뛰어 세어 보세요.

9250조 — [   ] — 9450조 — 9550조 — [   ]

7 두 수의 크기를 비교하여 ◯ 안에 ＞, ＝, ＜를 알맞게 써넣으세요.

(1) 7104만 ◯ 895만

(2) 6995820000 ◯ 6998530000

공부한 날짜 월 일

1일 다섯 자리 수 구하기

이것만 알자

10000이 2개, 1000이 8개,
100이 5개, 10이 6개, 1이 3개
➔ 28563

예 진서는 저금통에 10000원짜리 지폐 2장, 1000원짜리 지폐 8장, 100원짜리 동전 5개, 10원짜리 동전 6개, 1원짜리 동전 3개를 모았습니다. 진서가 저금통에 모은 돈은 모두 얼마일까요?

10000원짜리 지폐 2장은 20000원, 1000원짜리 지폐 8장은 8000원,
100원짜리 동전 5개는 500원, 10원짜리 동전 6개는 60원,
1원짜리 동전 3개는 3원입니다.
⇨ (진서가 저금통에 모은 돈) = 20000 + 8000 + 500 + 60 + 3 = 28563(원)

답 28563원

1 소리는 꽃 가게에서 꽃 화분을 사고 10000원짜리 지폐 3장, 1000원짜리 지폐 4장, 100원짜리 동전 9개를 냈습니다. 소리가 낸 돈은 모두 얼마일까요?

(원)

2 창고에 A4 용지가 10000장씩 6상자, 1000장씩 4상자, 100장씩 7묶음, 10장씩 5묶음 있습니다. 창고에 있는 A4 용지는 모두 몇 장일까요?

(장)

왼쪽 ①, ②번과 같이 문제의 핵심 부분에 색칠하고,
각 자리 숫자에 밑줄을 그어 문제를 풀어 보세요.

정답 2쪽

③ 화물차에 면봉을 10000개씩 5상자, 1000개씩 9상자, 100개씩 8묶음 실었습니다. 화물차에 실은 면봉은 모두 몇 개일까요?

( )

④ 어느 공장에서 하루 동안 볼펜을 10000자루씩 8상자, 1000자루씩 1상자, 100자루씩 2상자, 10자루씩 5상자, 낱개로 4자루 만들었습니다. 이 공장에서 하루 동안 만든 볼펜은 모두 몇 자루일까요?

( )

⑤ 재희는 게임에서 금화를 10000개씩 4상자, 1000개씩 8상자, 100개씩 3상자, 10개씩 5상자, 낱개로 5개 모았습니다. 재희가 게임에서 모은 금화는 모두 몇 개일까요?

( )

⑥ 우진이는 10000원짜리 지폐 4장, 1000원짜리 지폐 7장, 10원짜리 동전 3개를 은행에 저금했습니다. 우진이가 은행에 저금한 돈은 모두 얼마일까요?

( )

1일 더 많은 것 구하기

이것만 알자

더 많은 것은?
➔ ① 자릿수가 더 많은 수 찾기
② 높은 자리의 수가 더 큰 수 찾기

예 오늘 하루 동안 소망 편의점은 974600원을 벌었고, 하늘 편의점은 1057200원을 벌었습니다. 소망 편의점과 하늘 편의점 중 오늘 하루 동안 돈을 더 많이 번 편의점은 어디일까요?

- 974600 ⇨ 6자리 수
- 1057200 ⇨ 7자리 수

따라서 974600 < 1057200이므로 오늘 하루 동안 돈을 더 많이 번 편의점은 하늘 편의점입니다.

답 하늘 편의점

1 가 도시의 인구는 89645명이고, 나 도시의 인구는 109170명입니다. 가 도시와 나 도시 중 인구가 더 많은 도시는 어디일까요?

( )

2 쇼핑몰에서 파는 에어컨은 2690000원이고, TV는 2458000원입니다. 쇼핑몰에서 파는 에어컨과 TV 중 더 비싼 물건은 무엇일까요?

( )

왼쪽 ①, ②번과 같이 문제의 핵심 부분에 색칠하고,
비교해야 하는 두 수에 밑줄을 그어 문제를 풀어 보세요.

정답 3쪽

3 자동차 공장에서 한 달 동안 만든 승용차는 38520대이고, 화물차는 9880대 입니다. 자동차 공장에서 한 달 동안 만든 승용차와 화물차 중 더 많이 만든 것은 무엇일까요?

( )

4 귤을 달콤 과수원에서는 100060개 수확했고, 상큼 과수원에서는 100500개 수확했습니다. 달콤 과수원과 상큼 과수원 중 귤을 더 많이 수확한 과수원은 어디일까요?

( )

5 경기도와 강원도의 초등학생 수를 나타낸 표입니다. 경기도와 강원도 중 초등학생 수가 더 많은 지역은 어디일까요?

지역	초등학생 수(명)
경기도	767346
강원도	71530

(출처: KOSIS, 2022.10.)

( )

2일 자릿값 구하기

이것만 알자 **42195에서 숫자 4가 나타내는 값은?**
➔ 40000

예 마라톤은 42195 m를 달리는 육상 경기로 공식적인 달리기 경기 중 거리가 가장 긴 종목입니다. 42195에서 숫자 4가 나타내는 값을 써 보세요.

42195에서 4는 만의 자리 숫자이므로 40000을 나타냅니다.

답 40000 또는 4만

1 빛이 1년 동안 갈 수 있는 거리를 1광년이라고 하고 1광년은 9460000000000 km입니다. 9460000000000에서 숫자 6이 나타내는 값을 써 보세요.

( )

2 미래자동차에서 만든 승용차는 가격이 37160000원입니다. 37160000에서 숫자 1이 나타내는 값을 써 보세요.

( )

왼쪽 ①, ②번과 같이 문제의 핵심 부분에 색칠하고,
문제를 풀어 보세요.

정답 3쪽

3 국가 예산이란 1년 동안 국가의 수입과 지출에 대한 계획을 말하는 것으로 2023년 우리나라의 예산은 638700000000000원입니다. 638700000000000에서 숫자 8이 나타내는 값을 써 보세요.

( )

4 어느 항공기 제작 회사에서 무게가 276800 kg인 여객기를 만들었습니다. 276800에서 숫자 2가 나타내는 값을 써 보세요.

여객기: 여행하는 사람을 태워 나르기 위한 비행기

( )

5 2023년 1월에 조사한 서울특별시의 인구는 9424873명이었습니다. 9424873에서 숫자 9가 나타내는 값을 써 보세요.

( )

6 어떤 동요 율동 동영상의 조회 수가 12695747600회였습니다. 12695747600에서 빨간색 숫자 6이 나타내는 값을 써 보세요.

( )

2일

수 카드로 수 만들기

이것만 알자

가장 큰 수 만들기
➔ 높은 자리에 큰 수부터 차례로 놓기

예 수 카드를 한 번씩만 사용하여 가장 큰 다섯 자리 수를 만들어 보세요.

2 1 9 7 3

수 카드의 수를 가장 큰 수부터 차례로 쓰면 9, 7, 3, 2, 1이므로 가장 큰 다섯 자리 수는 97321입니다.

답 97321

가장 작은 수는 높은 자리에
작은 수부터 차례로 놓아요.

1 수 카드를 한 번씩만 사용하여 가장 큰 다섯 자리 수를 만들어 보세요.

6 8 2 0 5

(   )

2 수 카드를 한 번씩만 사용하여 가장 작은 다섯 자리 수를 만들어 보세요.

4 1 5 9 6

(   )

왼쪽 ①, ②번과 같이 문제의 핵심 부분에 색칠하고,
문제를 풀어 보세요.

정답 4쪽

3 수 카드를 한 번씩만 사용하여 가장 작은 여섯 자리 수를 만들어 보세요.

8 2 7 3 9 4

( )

4 수 카드를 한 번씩만 사용하여 가장 큰 일곱 자리 수를 만들어 보세요.

( )

5 수 카드를 한 번씩만 사용하여 가장 작은 일곱 자리 수를 만들어 보세요.

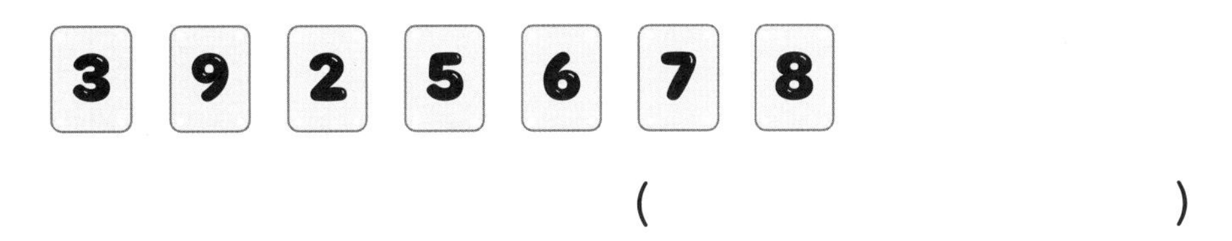

( )

6 수 카드 9장 중 8장을 한 번씩만 사용하여 가장 큰 여덟 자리 수를 만들어 보세요.

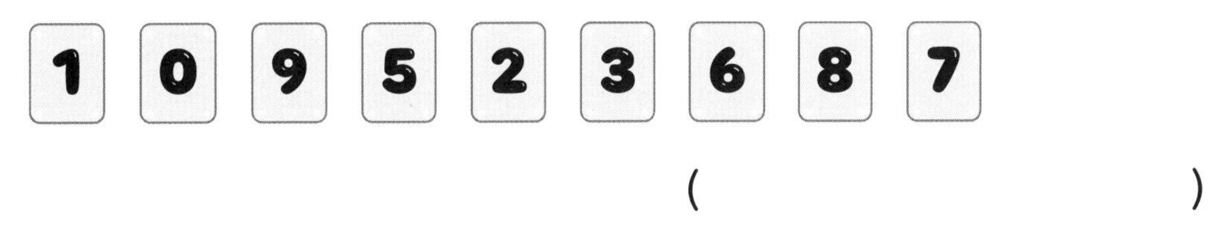

( )

3일 마무리하기

12쪽

1 은주는 운동화를 사고 10000짜리 지폐 4장, 1000원짜리 지폐 8장, 100원짜리 동전 9개를 냈습니다. 은주가 낸 돈은 모두 얼마일까요?

( )

12쪽

2 창고에 마스크가 10000장씩 5상자, 100장씩 2상자, 10장씩 7묶음 있습니다. 창고에 있는 마스크는 모두 몇 장일까요?

( )

14쪽

3 어느 놀이공원의 3월 입장객 수는 98275명이었고, 4월 입장객 수는 146038명이었습니다. 3월과 4월 중 입장객이 더 많았던 달은 몇 월일까요?

( )

14쪽

4 우리나라의 인구수를 조사하여 나타낸 표입니다. 남자와 여자 중 더 많은 성별은 무엇일까요?

성별	인구수(명)
남자	25857805
여자	25887071

(출처: KOSIS, 2021.12.)

( )

정답 4쪽

16쪽

5 어느 도서관에서 소장하고 있는 자료는 13875919점입니다. 13875919에서 숫자 8이 나타내는 값을 써 보세요.

( )

16쪽

6 빛은 우주 공간에서 1초에 299792485 m를 나아갑니다. 299792485에서 빨간색 숫자 9가 나타내는 값을 써 보세요.

( )

18쪽

7 수 카드를 한 번씩만 사용하여 가장 큰 다섯 자리 수를 만들어 보세요.

5 0 1 8 2

( )

8 18쪽 도전 문제

수 카드를 한 번씩만 사용하여 둘째로 작은 여섯 자리 수를 만들어 보세요.

3 9 4 0 7 8

❶ 십만의 자리에 놓아야 하는 수

→ ( )

❷ 수 카드로 만든 가장 작은 여섯 자리 수

→ ( )

❸ 수 카드로 만든 둘째로 작은 여섯 자리 수

→ ( )

2 각도

준비

기본 문제로
문장제 준비하기

4일차

- 예각, 직각, 둔각 구분하기
- 움직인 각도 구하기

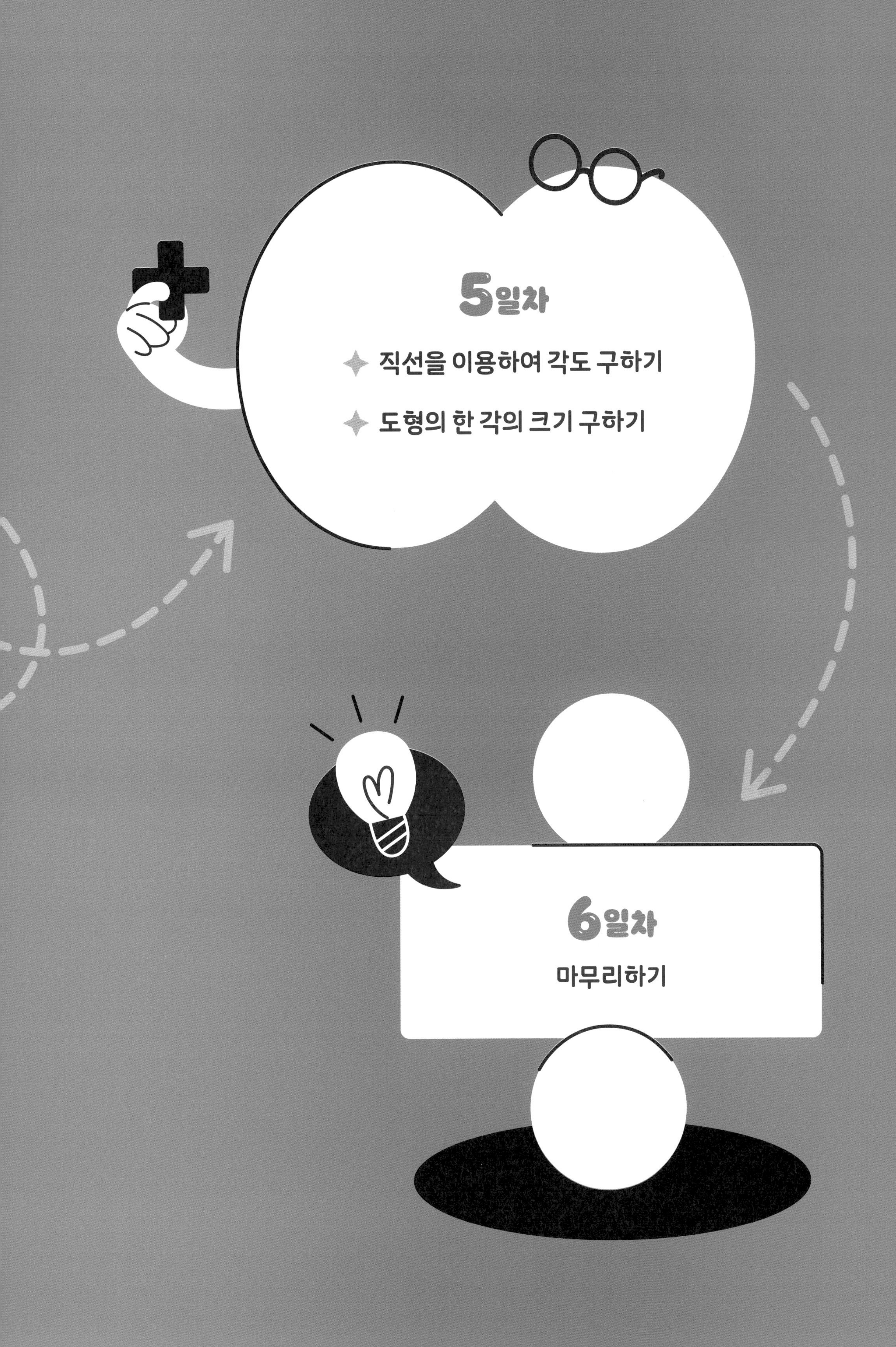
5일차
직선을 이용하여 각도 구하기
도형의 한 각의 크기 구하기
6일차
마무리하기

기본 문제로 문장제 준비하기

1 두 각 중 더 큰 각에 ○표 하세요.

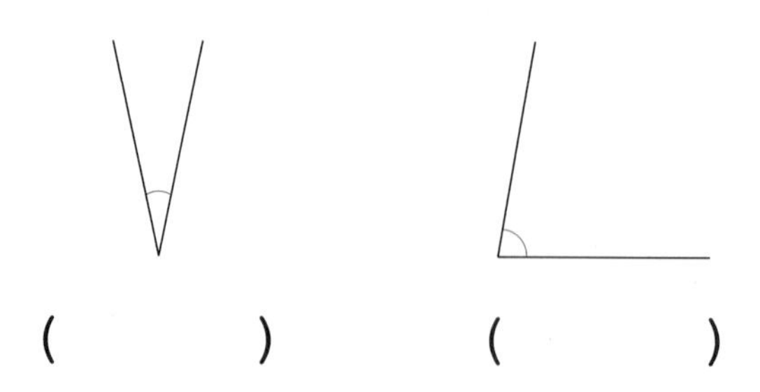

(　　　)　　(　　　)

2 각도를 구해 보세요.

(1)

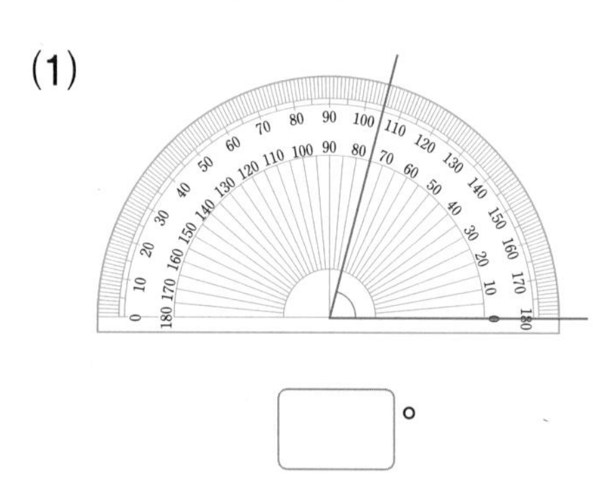

□°

(2)

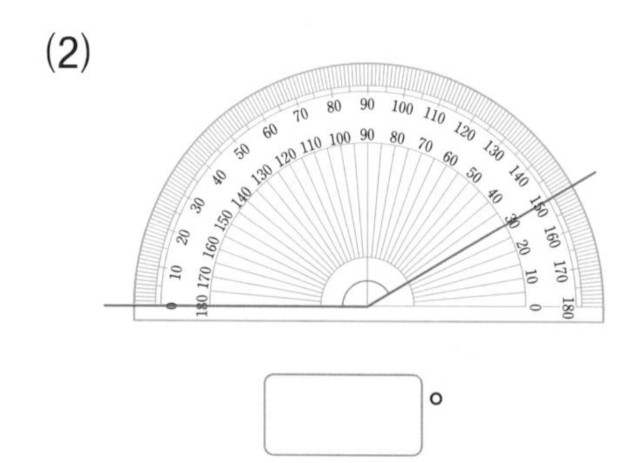

□°

3 각도기를 이용하여 각도를 재어 보세요.

(1)

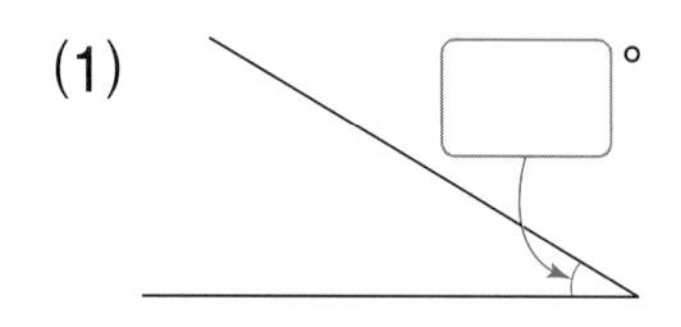

(2)

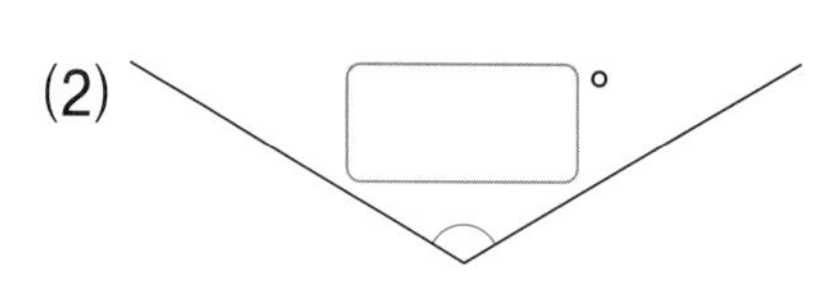

4 주어진 각도의 각을 각도기 위에 그려 보세요.

105°

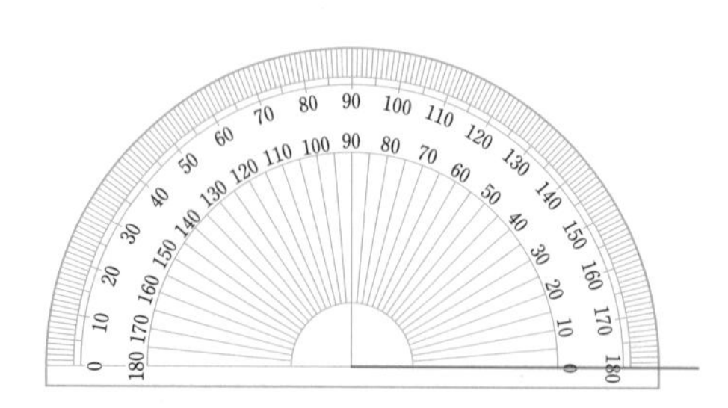

정답 5쪽

5 각을 보고 예각, 둔각 중 어느 것인지 ☐ 안에 알맞게 써넣으세요.

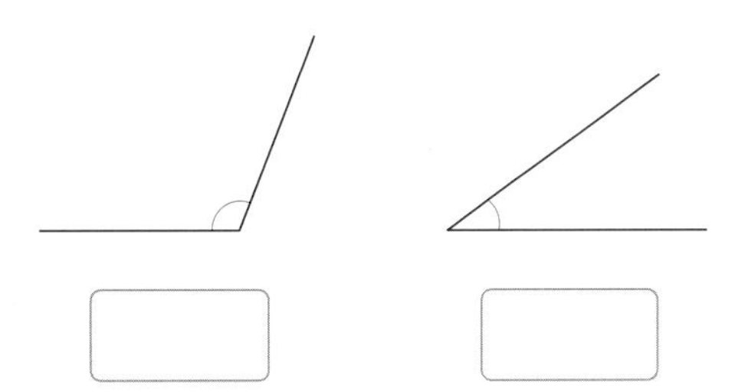

6 두 각도의 합과 차를 구해 보세요.

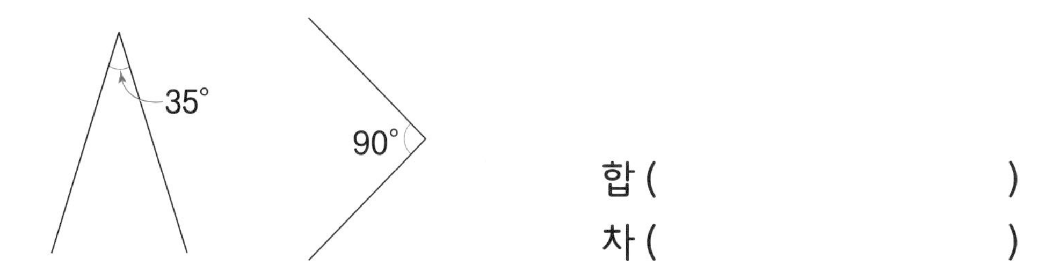

7 삼각형의 세 각의 크기를 각도기로 재어 합을 구해 보세요.

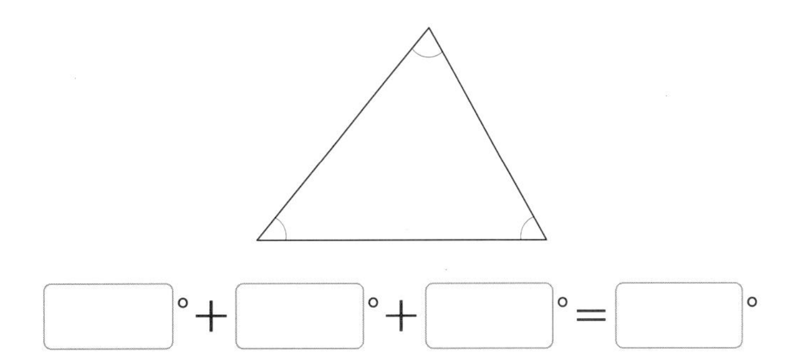

☐° + ☐° + ☐° = ☐°

8 사각형의 네 각의 크기를 각도기로 재어 합을 구해 보세요.

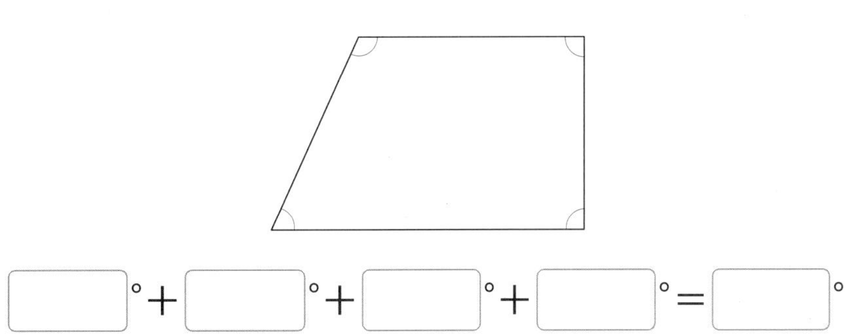

☐° + ☐° + ☐° + ☐° = ☐°

공부한 날짜 월 일

4일 예각, 직각, 둔각 구분하기

이것만 알자

예각, 직각, 둔각 중 어느 것인지?

➔
- 예각: 0°보다 크고 직각보다 작은 각
- 직각: 90°
- 둔각: 직각보다 크고 180°보다 작은 각

예 시계의 긴바늘과 짧은바늘이 이루는 작은 쪽의 각이 예각, 직각, 둔각 중 어느 것인지 써 보세요.

시계의 긴바늘과 짧은바늘이 이루는 작은 쪽의 각의 크기가 0°보다 크고 직각보다 작으므로 예각입니다.

답 예각

1 시계의 긴바늘과 짧은바늘이 이루는 작은 쪽의 각이 예각, 직각, 둔각 중 어느 것인지 써 보세요.

( )

2 시계의 긴바늘과 짧은바늘이 이루는 작은 쪽의 각이 예각, 직각, 둔각 중 어느 것인지 써 보세요.

( )

왼쪽 ①, ②번과 같이 문제의 핵심 부분에 색칠하고,
문제를 풀어 보세요.

정답 5쪽

③ 시계의 긴바늘과 짧은바늘이 이루는 작은 쪽의 각이 예각, 직각, 둔각 중 어느 것인지 써 보세요.

(　　　　　　　　)

④ 시계의 긴바늘과 짧은바늘이 이루는 작은 쪽의 각이 예각, 직각, 둔각 중 어느 것인지 써 보세요.

(　　　　　　　　)

⑤ 시계가 3시를 가리키고 있을 때 시계의 긴바늘과 짧은바늘이 이루는 작은 쪽의 각이 예각, 직각, 둔각 중 어느 것인지 써 보세요.

(　　　　　　　　)

⑥ 시계가 8시 30분을 가리키고 있을 때 시계의 긴바늘과 짧은바늘이 이루는 작은 쪽의 각이 예각, 직각, 둔각 중 어느 것인지 써 보세요.

(　　　　　　　　)

4일

움직인 각도 구하기

이것만 알자

몇 도 더 세웠는지 ➔ (세우기 전 각도)−(세운 후 각도)
몇 도 더 눕혔는지 ➔ (눕힌 후 각도)−(눕히기 전 각도)

예 은정이는 노트북을 120°만큼 펼쳐서 사용하다가 100°가 되도록 노트북 화면을 세웠습니다. 은정이는 노트북 화면을 몇 도 더 세웠는지 구해 보세요.

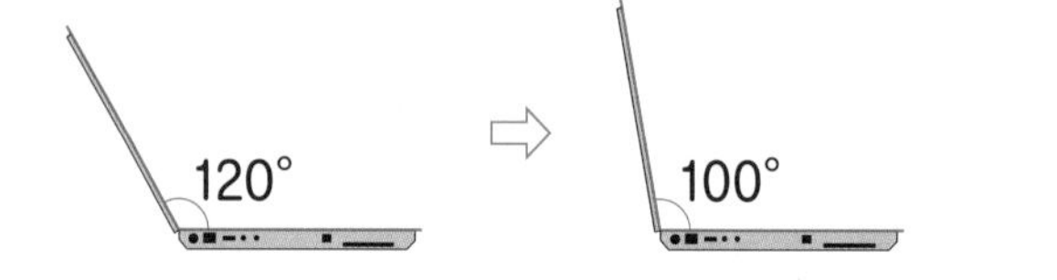

(화면을 더 세운 각도) = (화면을 세우기 전 각도) − (화면을 세운 후 각도)

식 120° − 100° = 20° 답 20°

1 현우는 노트북을 90°만큼 펼쳐서 사용하다가 105°가 되도록 노트북 화면을 눕혔습니다. 현우는 노트북 화면을 몇 도 더 눕혔는지 구해 보세요.

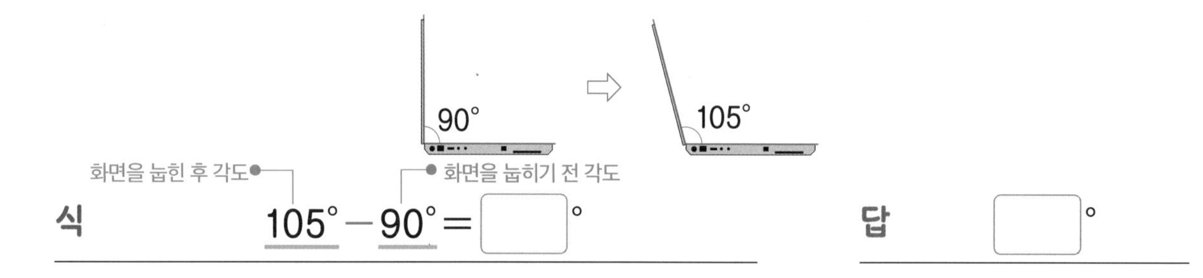

식 105° − 90° = □° 답 □°

2 수아는 노트북을 130°만큼 펼쳐서 사용하다가 95°가 되도록 노트북 화면을 세웠습니다. 수아는 노트북 화면을 몇 도 더 세웠는지 구해 보세요.

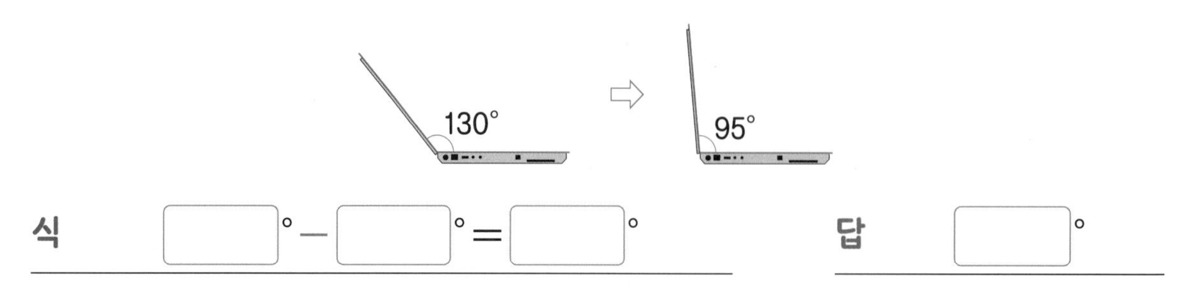

식 □° − □° = □° 답 □°

왼쪽 ❶, ❷번과 같이 문제의 핵심 부분에 색칠하고,
계산해야 하는 두 각도에 밑줄을 그어 문제를 풀어 보세요.

정답 6쪽

❸ 수지는 의자를 170°만큼 펼쳐서 휴식을 취하다가 음료수를 마시려고 110°가 되도록 세웠습니다. 수지는 의자를 몇 도 더 세웠는지 구해 보세요.

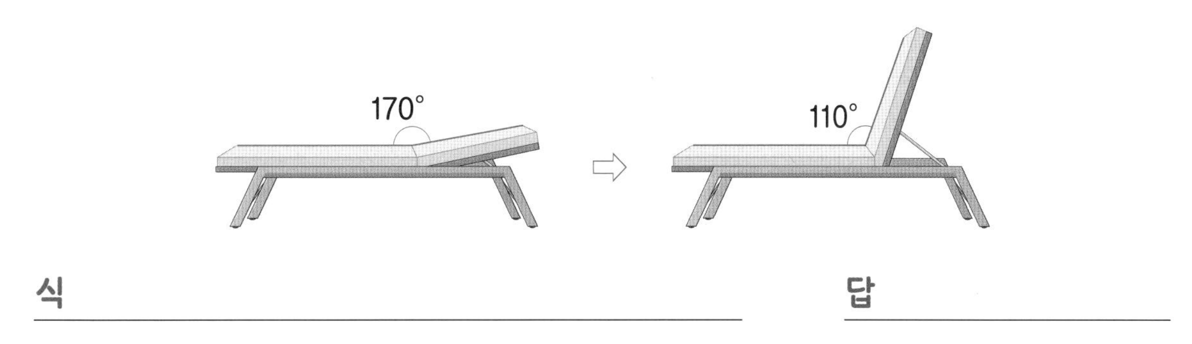

식 ____________________ 답 __________

❹ 태웅이는 의자를 155°만큼 펼쳐서 휴식을 취하다가 간식을 먹으려고 105°가 되도록 세웠습니다. 태웅이는 의자를 몇 도 더 세웠는지 구해 보세요.

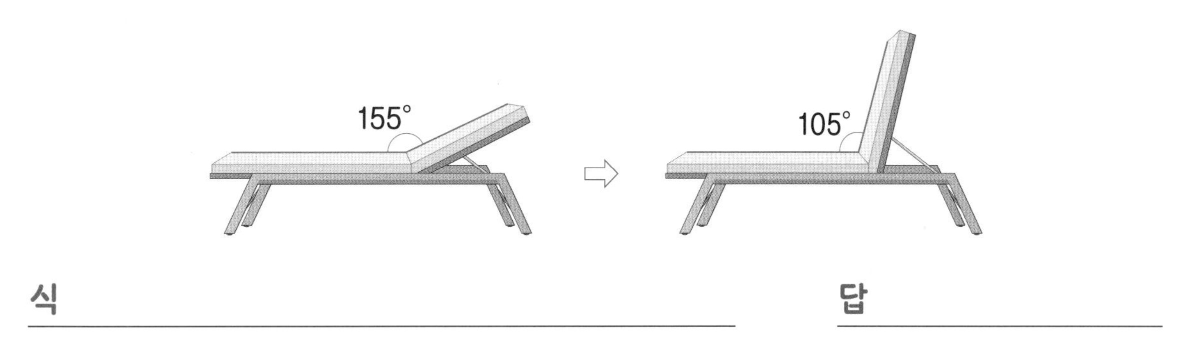

식 ____________________ 답 __________

❺ 민정이는 의자를 120°만큼 펼쳐서 휴대전화를 보다가 낮잠을 자려고 165°가 되도록 눕혔습니다. 민정이는 의자를 몇 도 더 눕혔는지 구해 보세요.

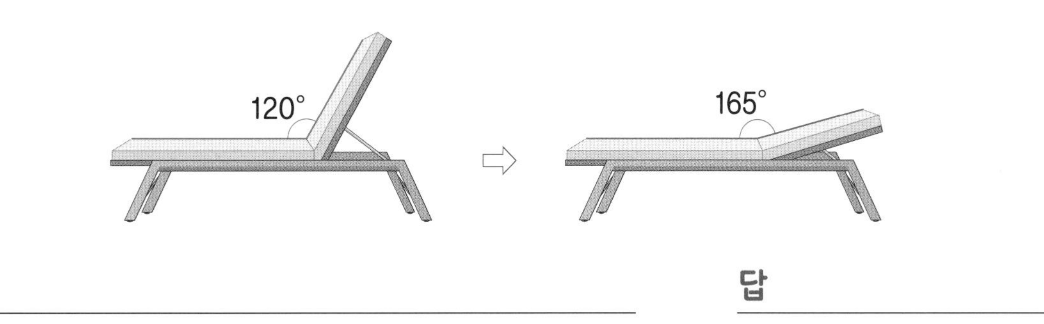

식 ____________________ 답 __________

5일 직선을 이용하여 각도 구하기

이것만 알자

직선이 포함된 도형에서 모르는 각도를 구할 때는 (직선의 각도)=180°를 이용하기

예 다음 도형에서 ㉠의 각도를 구해 보세요.

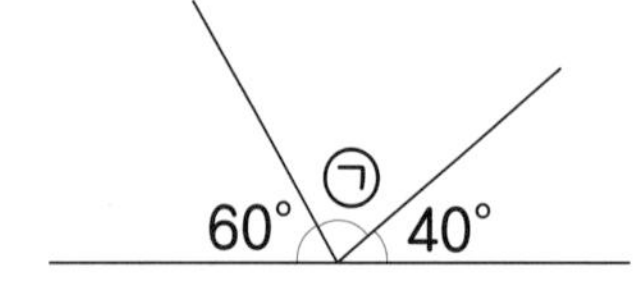

㉠의 각도는 직선의 각도에서 나머지 두 각도를 빼야 합니다.

(㉠의 각도) = 180° − 60° − 40° = 80°

답 80°

1 다음 도형에서 ㉠의 각도를 구해 보세요.

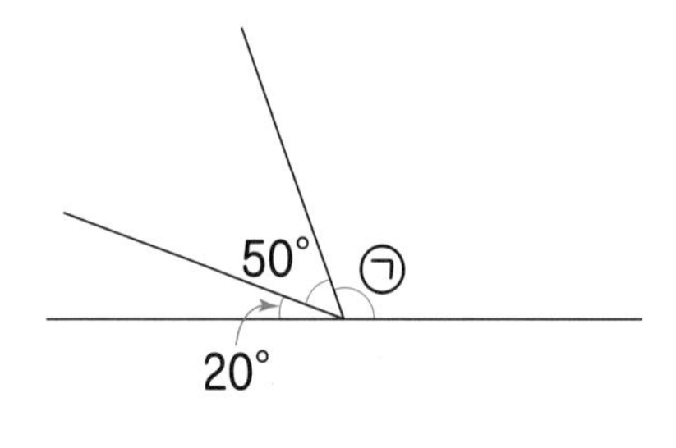

( )

2 다음 도형에서 ㉠의 각도를 구해 보세요.

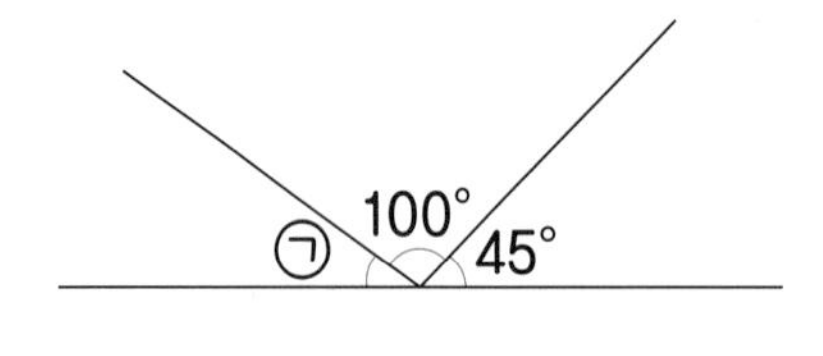

( )

왼쪽 ①, ②번과 같이 문제의 핵심 부분에 색칠하고,
문제를 풀어 보세요.

정답 6쪽

③ 다음 도형에서 ㉠의 각도를 구해 보세요.

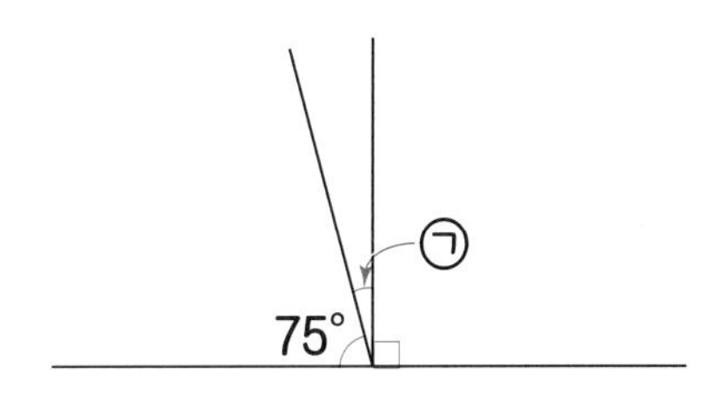

(　　　　　　　　　　)

④ 다음 도형에서 ㉠의 각도를 구해 보세요.

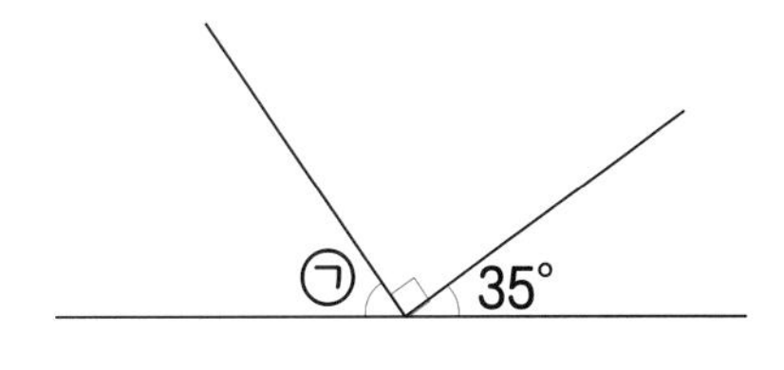

(　　　　　　　　　　)

⑤ 다음 도형에서 ㉠의 각도를 구해 보세요.

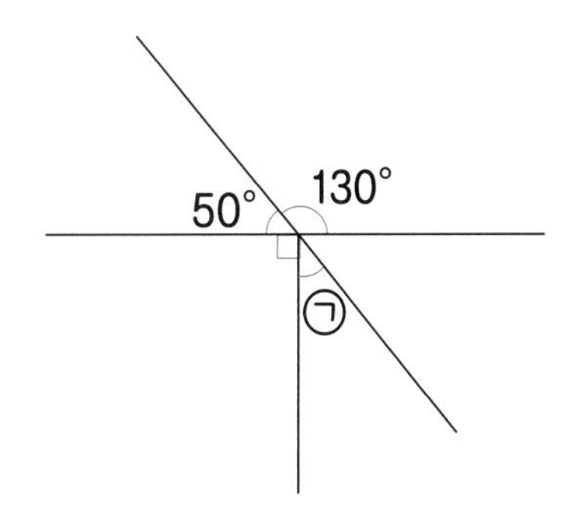

(　　　　　　　　　　)

5일

도형의 한 각의 크기 구하기

이것만 알자

삼각형의 한 각의 크기를 구할 때는
(삼각형의 세 각의 크기의 합)=180°를 이용하기

예 오른쪽 삼각형에서 ㉠의 각도를 구해 보세요.

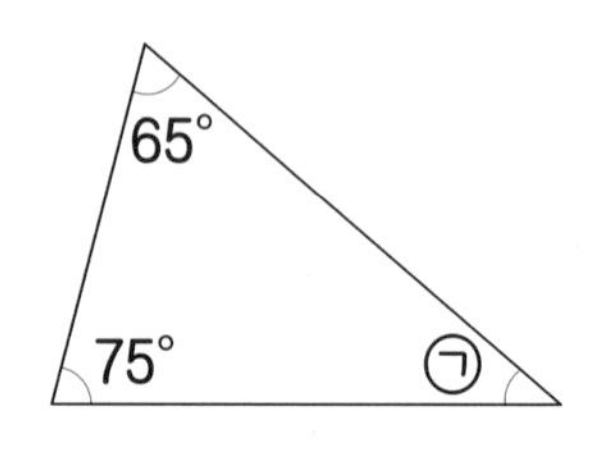

㉠의 각도는 삼각형의 세 각의 크기의 합에서 나머지 두 각도를 빼야 합니다.
(㉠의 각도) = 180° − 65° − 75° = 40°

답 40°

사각형의 한 각의 크기는 사각형의 네 각의 크기의 합이 360°임을 이용해요.

1 다음 삼각형에서 ㉠의 각도를 구해 보세요.

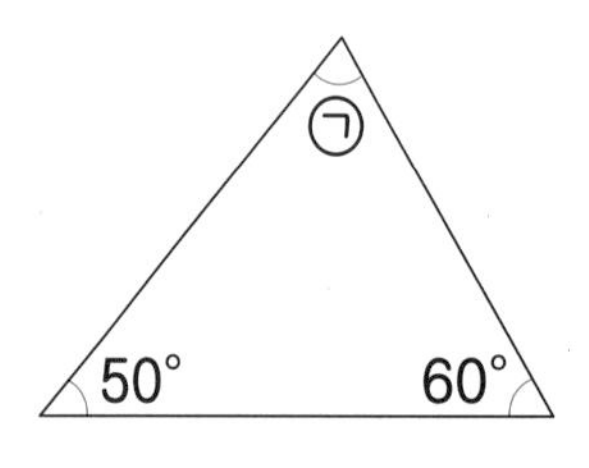

(　　　　　　　　)

2 다음 사각형에서 ㉠의 각도를 구해 보세요.

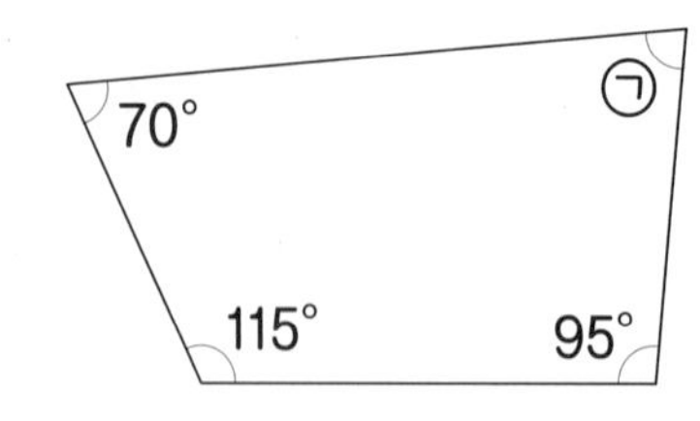

(　　　　　　　　)

왼쪽 ❶, ❷번과 같이 문제의 핵심 부분에 색칠하고,
문제를 풀어 보세요.

정답 7쪽

3 다음 삼각형에서 ㉠의 각도를 구해 보세요.

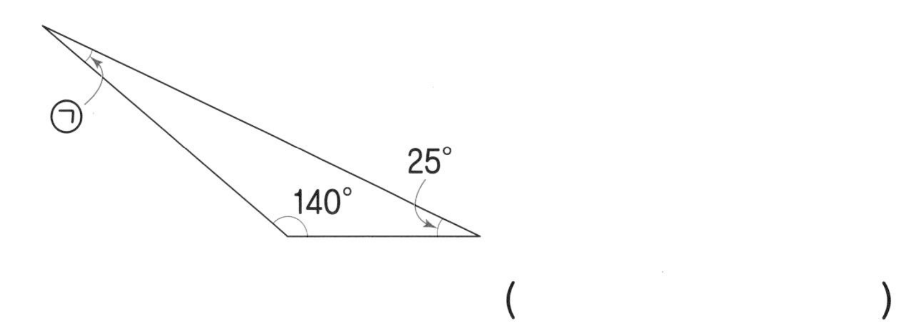

( )

4 다음 사각형에서 ㉠의 각도를 구해 보세요.

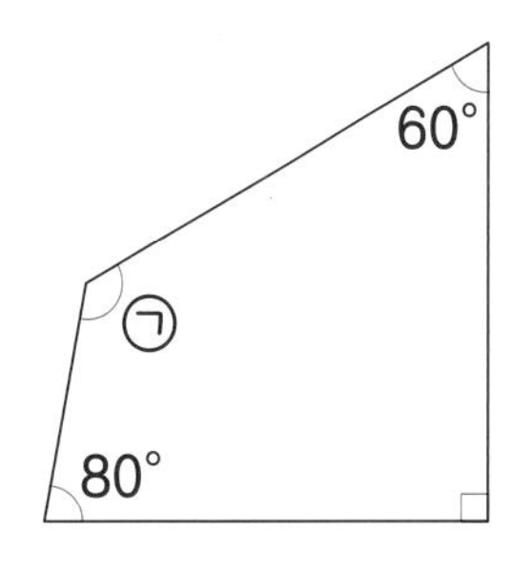

( )

5 다음 사각형에서 ㉠의 각도를 구해 보세요.

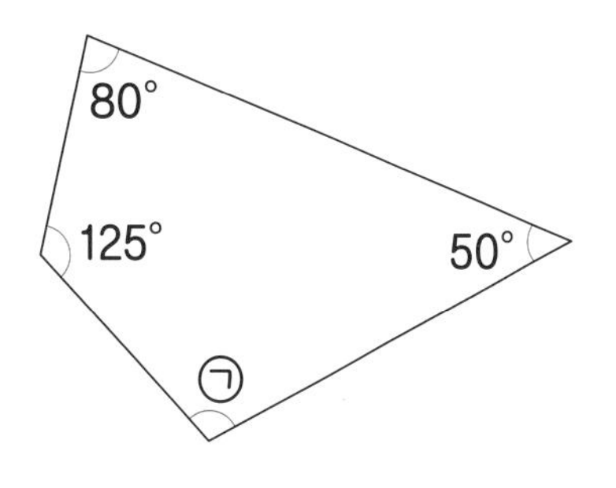

( )

6일 마무리하기

26쪽

1 시계의 긴바늘과 짧은바늘이 이루는 작은 쪽의 각이 예각, 직각, 둔각 중 어느 것인지 써 보세요.

( )

28쪽

2 영은이는 노트북을 120°만큼 펼쳐서 사용하다가 105°가 되도록 노트북 화면을 세웠습니다. 영은이는 노트북 화면을 몇 도 더 세웠는지 구해 보세요.

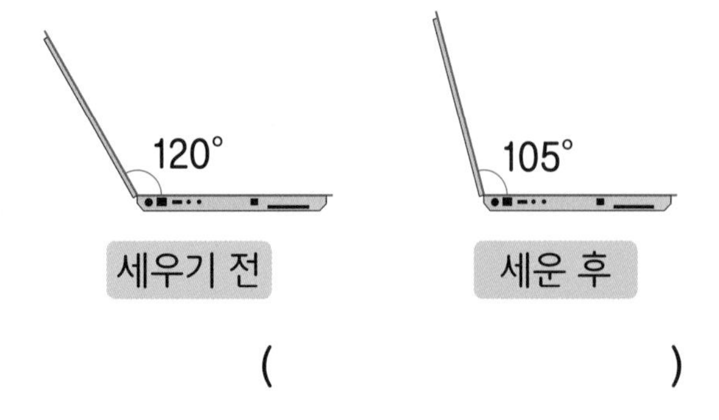

( )

28쪽

3 소민이는 의자를 110°만큼 펼쳐서 동화책을 읽다가 휴식을 취하려고 165°가 되도록 눕혔습니다. 소민이는 의자를 몇 도 더 눕혔는지 구해 보세요.

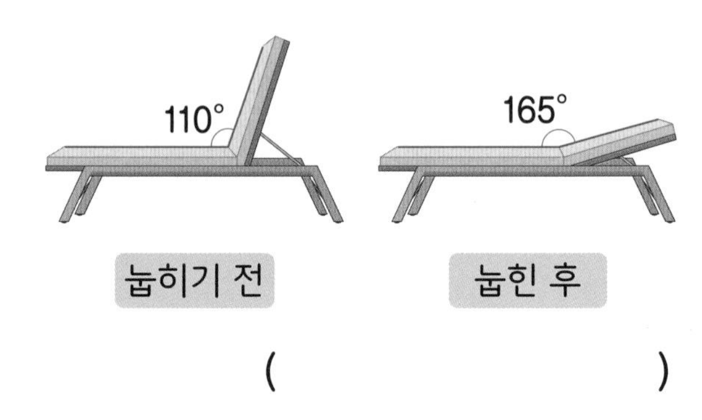

( )

30쪽

4 다음 도형에서 ㉠의 각도를 구해 보세요.

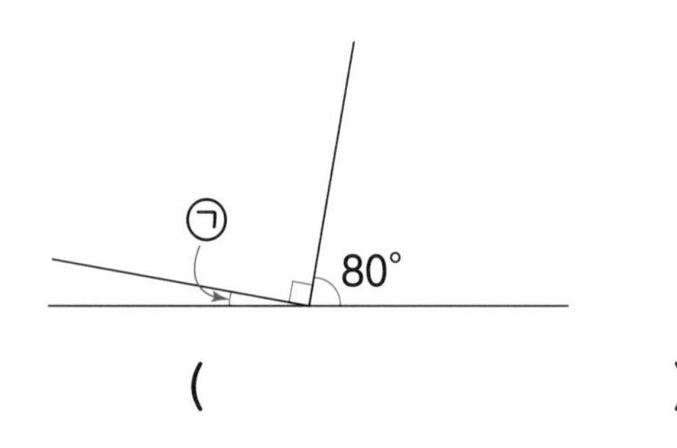

( )

정답 7쪽

32쪽

5 다음 삼각형에서 ㉠의 각도를 구해 보세요.

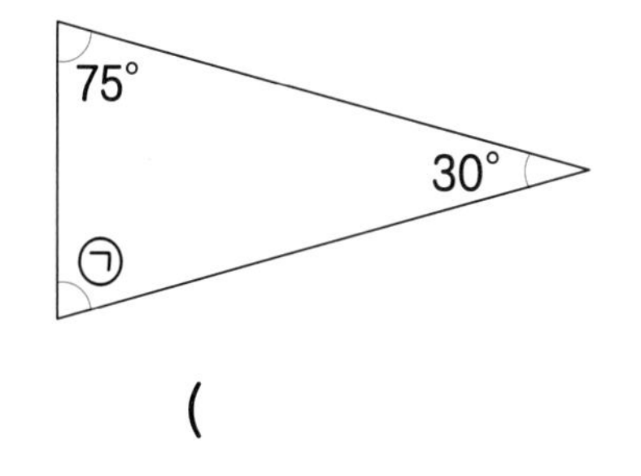

(　　　　　　　　)

32쪽

6 다음 사각형에서 ㉠의 각도를 구해 보세요.

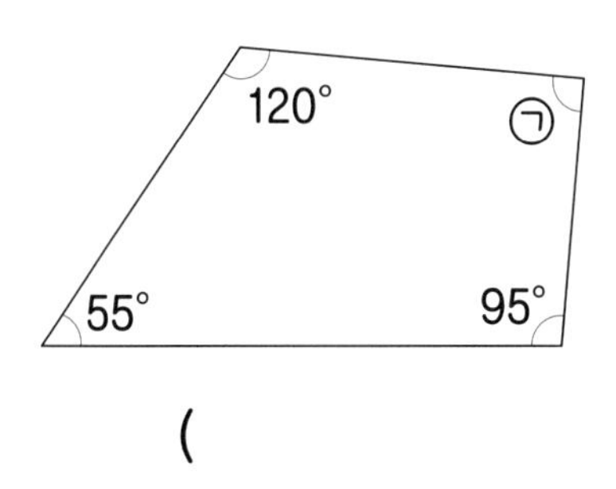

(　　　　　　　　)

30쪽

7 다음 도형에서 ㉠의 각도를 구해 보세요.

115°
65°
㉠

(　　　　　　　　)

8 26쪽 **도전 문제**

아영이는 2시 30분부터 1시간 30분 동안 영화를 봤습니다. 영화가 끝났을 때 시계의 긴바늘과 짧은바늘이 이루는 작은 쪽의 각이 예각, 직각, 둔각 중 어느 것인지 써 보세요.

❶ 영화가 끝난 시각에 맞게 시곗바늘을 그리기

→ 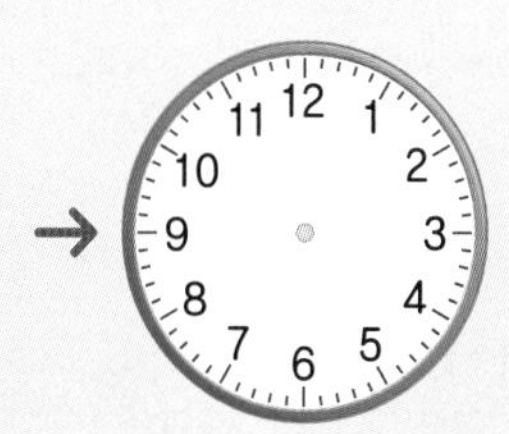

❷ 위 ❶의 긴바늘과 짧은바늘이 이루는 작은 쪽의 각

→ (　　　　　　　　)

3 곱셈과 나눗셈

준비

계산으로
문장제 준비하기

7일차

- 몇씩 몇 묶음은 모두 얼마인지 구하기
- 두 곱 중에서 더 많은(적은) 것 찾기

8일차

- 수 만들어 곱하기
- 똑같이 나누기

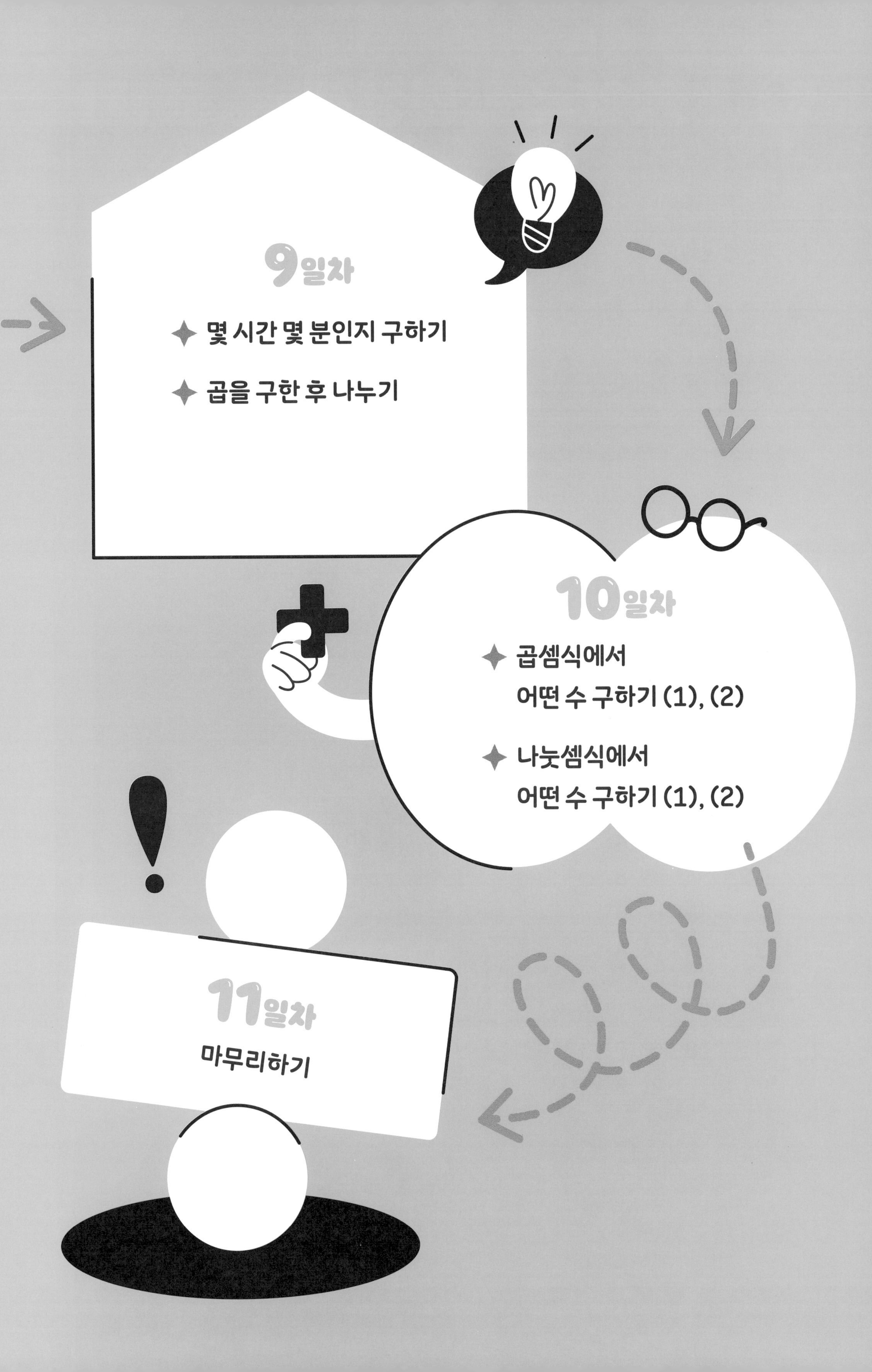
9일차
몇 시간 몇 분인지 구하기
곱을 구한 후 나누기
10일차
곱셈식에서
어떤 수 구하기 (1), (2)
나눗셈식에서
어떤 수 구하기 (1), (2)
11일차
마무리하기

준비 계산으로 문장제 준비하기

✦ **계산해 보세요.**

(세 자리 수)×(몇)의 값에 0을 1개 붙여서 계산해요.

1
$$\begin{array}{r} 487 \\ \times \quad 50 \\ \hline 24350 \end{array}$$

2
$$\begin{array}{r} 721 \\ \times \quad 30 \\ \hline \end{array}$$

(세 자리 수)×(몇)과 (세 자리 수)×(몇십)으로 나누어 계산한 후 두 곱을 더해요.

3
$$\begin{array}{r} 362 \\ \times \quad 84 \\ \hline 1448 \\ 28960 \\ \hline 30408 \end{array}$$

4
$$\begin{array}{r} 867 \\ \times \quad 23 \\ \hline \end{array}$$

5
$50 \overline{)451}$

세 자리 수에 몇십이 몇 번 들어가는지 생각하여 몫과 나머지를 구해요.

6
$14 \overline{)28}$

7
$25 \overline{)76}$

8
$44 \overline{)294}$

정답 8쪽

9 $250 \times 70 =$

10 $914 \times 80 =$

11 $129 \times 84 =$

12 $588 \times 36 =$

13 $956 \times 65 =$

14 $162 \div 20 =$

15 $389 \div 60 =$

16 $99 \div 37 =$

17 $226 \div 27 =$

18 $880 \div 71 =$

7일 몇씩 몇 묶음은 모두 얼마인지 구하기

이것만 알자

한 묶음에 500씩 60묶음은 모두 몇 개

➔ 500×60

예 종이컵이 한 상자에 500개씩 들어 있습니다. 60상자에 들어 있는 종이컵은 모두 몇 개일까요?

(60상자에 들어 있는 종이컵의 수)

= (한 상자에 들어 있는 종이컵의 수) × (상자의 수)

식 $500 \times 60 = 30000$ 답 30000개

1 우진이는 줄넘기를 하루에 150번씩 했습니다. 우진이가 25일 동안 한 줄넘기는 모두 몇 번일까요?

식 $150 \times 25 = \square$ 답 $\square$번

하루에 줄넘기를 한 횟수 / 줄넘기를 한 날수

2 도건이네 학교 도서관의 책장 한 개에 책이 265권씩 꽂혀 있습니다. 책장 30개에 꽂혀 있는 책은 모두 몇 권일까요?

식 $\square \times \square = \square$ 답 $\square$권

왼쪽 1, 2번과 같이 문제의 핵심 부분에 색칠하고,
계산해야 하는 두 수에 밑줄을 그어 문제를 풀어 보세요.

정답 8쪽

3 축구공 한 개의 무게는 441 g입니다. 축구공 64개의 무게는 모두 몇 g일까요?

식

답

4 카페에서 커피를 한 잔에 591 mL씩 담아 팔고 있습니다. 커피를 88잔 팔았다면 판 커피는 모두 몇 mL일까요?

식

답

5 문구점에서 연필을 한 자루에 680원씩 팔고 있습니다. 연필 12자루의 가격은 모두 얼마일까요?

식

답

6 다희는 공원 산책로를 따라 하루에 985 m씩 달립니다.
다희가 31일 동안 달린 거리는 모두 몇 m일까요?

식

답

7일 두 곱 중에서 더 많은(적은) 것 찾기

이것만 알자

~와 ~ 중에서 더 많은(적은) 것은?
➔ 두 곱을 비교하여 더 큰(작은) 수 찾기

예 줄넘기를 태희는 하루에 110번씩 15일 동안 했고, 은성이는 하루에 135번씩 12일 동안 했습니다. 태희와 은성이 중에서 줄넘기를 더 많이 한 사람은 누구일까요?

(태희가 줄넘기를 한 횟수)
$=110\times15=1650$(번)
(은성이가 줄넘기를 한 횟수)
$=135\times12=1620$(번)
⇨ $1650>1620$이므로 줄넘기를 더 많이 한 사람은 태희입니다.

답 태희

1 피아노를 유나는 하루에 120분씩 14일 동안 연습했고, 지수는 하루에 115분씩 15일 동안 연습했습니다. 유나와 지수 중에서 피아노를 더 오래 연습한 사람은 누구일까요?

풀이
(유나가 피아노를 연습한 시간)
$=120\times14=$ ☐(분)
(지수가 피아노를 연습한 시간)
$=115\times15=$ ☐(분)
⇨ ☐ $<$ ☐이므로 피아노를
더 오래 연습한 사람은 ☐입니다.

답 ☐

왼쪽 1번과 같이 문제의 핵심 부분에 색칠하고,
계산해야 하는 수들에 밑줄을 그어 문제를 풀어 보세요.

정답 9쪽

2 구슬이 소망 문구점에는 135개씩 20봉지가 있고, 사랑 문구점에는 120개씩 22봉지가 있습니다. 소망 문구점과 사랑 문구점 중에서 구슬이 더 적게 있는 문구점은 어디일까요?

풀이

답

3 손하는 무게가 316 g인 사과를 32개 카트에 담았고, 태민이는 무게가 348 g인 배를 27개 카트에 담았습니다. 손하와 태민이 중에서 카트에 담은 과일이 더 가벼운 사람은 누구일까요?

풀이

답

4 농구 슛 연습을 재경이는 하루에 240번씩 25일 동안 했고, 태현이는 하루에 185번씩 35일 동안 했습니다. 재경이와 태현이 중에서 농구 슛 연습을 더 많이 한 사람은 누구일까요?

풀이

답

8일 수 만들어 곱하기

이것만 알자

가장 큰(작은) 수 만들기
➔ 높은 자리에 큰(작은) 수부터 차례로 놓기

예 수 카드 5장을 한 번씩만 사용하여 가장 큰 세 자리 수와 가장 작은 두 자리 수를 만들었습니다. 만든 두 수의 곱을 구해 보세요.

7    

수 카드의 수의 크기를 비교하면
7>5>4>2>0입니다.
• 가장 큰 세 자리 수: 754
• 가장 작은 두 자리 수: 20
⇨ (만든 두 수의 곱) = 754 × 20 = 15080

답 15080

가장 작은 수를 만들 때
가장 높은 자리에 0을
쓰지 않도록 주의해요.

1 수 카드 5장을 한 번씩만 사용하여 가장 작은 세 자리 수와 가장 큰 두 자리 수를 만들었습니다. 만든 두 수의 곱을 구해 보세요.

9    

풀이
• 가장 작은 세 자리 수: 135
• 가장 큰 두 자리 수: 98
⇨ (만든 두 수의 곱)
$=135\times98=$ ☐

답 ☐

왼쪽 ①번과 같이 문제의 핵심 부분에 색칠하고,
문제를 풀어 보세요.

정답 9쪽

② 수 카드 5장을 한 번씩만 사용하여 가장 큰 세 자리 수와 가장 작은 두 자리 수를 만들었습니다. 만든 두 수의 곱을 구해 보세요.

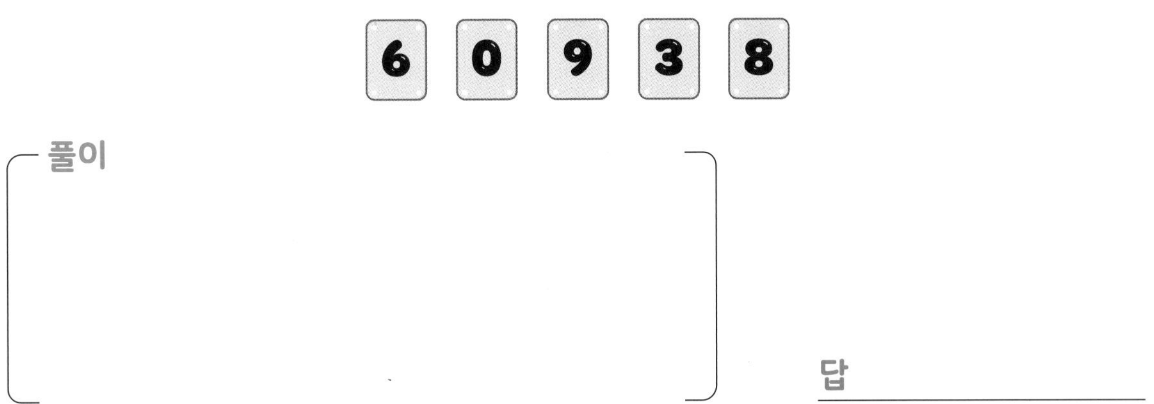

③ 수 카드 5장을 한 번씩만 사용하여 가장 큰 세 자리 수와 가장 작은 두 자리 수를 만들었습니다. 만든 두 수의 곱을 구해 보세요.

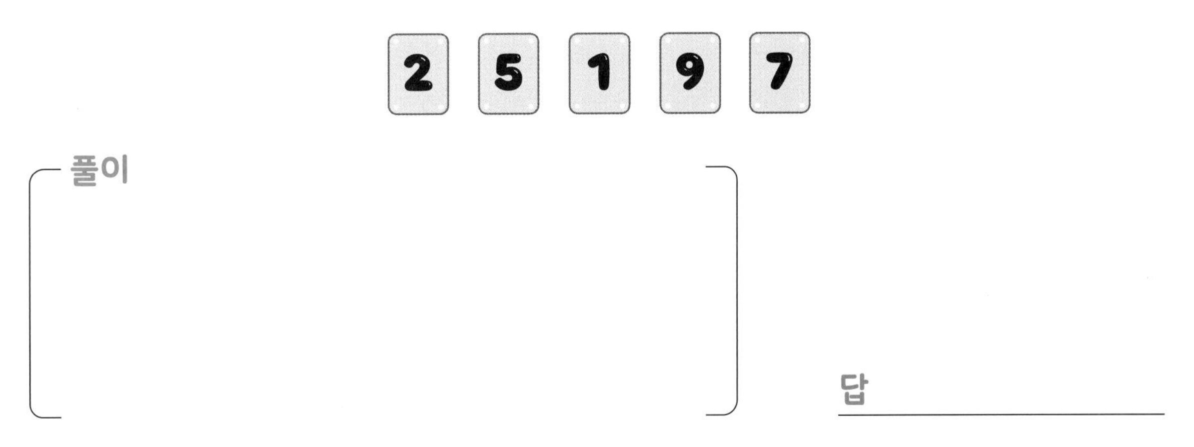

④ 수 카드 5장을 한 번씩만 사용하여 가장 작은 세 자리 수와 가장 큰 두 자리 수를 만들었습니다. 만든 두 수의 곱을 구해 보세요.

1 6 8 4 3

풀이

답

8일 똑같이 나누기

이것만 알자

■를 한 묶음에 ●씩 나누어 → ■÷●

■를 ●묶음으로 똑같이 나누어 → ■÷●

예 유민이는 책 128권을 한 상자에 20권씩 나누어 담으려고 합니다.
책을 몇 상자까지 담을 수 있고, 남는 책은 몇 권일까요?

(전체 책의 수) ÷ (한 상자에 담을 책의 수)의 몫이 담을 수 있는 상자의 수이고,
나머지가 남는 책의 수입니다.

식 $128 \div 20 = 6 \cdots 8$ 답 6상자, 8권

1 신우는 160쪽인 위인전을 하루에 40쪽씩 나누어 읽으려고 합니다.
신우가 위인전을 모두 읽으려면 며칠이 걸릴까요?

식 $160 \div 40 = \square$ 답 $\square$일

위인전의 전체 쪽수 하루에 읽을 쪽수

2 색종이 84장을 12봉지에 똑같이 나누어 담으려고 합니다. 한 봉지에 색종이를 몇 장까지 담을 수 있을까요?

식 $\square \div \square = \square$ 답 $\square$장

왼쪽 ①, ②번과 같이 문제의 핵심 부분에 색칠하고,
계산해야 하는 두 수에 밑줄을 그어 문제를 풀어 보세요.

정답 10쪽

③ 길이가 184 cm인 색 테이프를 연아네 반 학생 23명에게 똑같이 나누어 주려고 합니다. 한 사람에게 색 테이프를 몇 cm까지 나누어 줄 수 있을까요?

식 ______________________ 답 ______________

④ 노래 경연 참가자 150명을 한 모둠에 16명씩 나누어 심사하려고 합니다. 몇 모둠까지 만들 수 있고, 남는 참가자는 몇 명일까요?

식 ______________________

답 __________ , __________

⑤ 연필 공장에서 연필 937자루를 한 상자에 48자루씩 나누어 담으려고 합니다. 연필을 몇 상자까지 담을 수 있고, 남는 연필은 몇 자루일까요?

식 ______________________

답 __________ , __________

공부한 날짜 　　월 　　일

9일 몇 시간 몇 분인지 구하기

이것만 알자

125분은 몇 시간 몇 분인가?
➔ 125÷60의 몫이 시간, 나머지가 분

예 윤정이는 125분 동안 영화를 봤습니다. 윤정이가 영화를 본 시간은 몇 시간 몇 분일까요?

1시간은 60분이므로 125 ÷ 60의 몫이 시간이고, 나머지가 분입니다.

식 125 ÷ 60 = 2 ⋯ 5 　　답 2시간 5분

1 민국이가 자동차를 타고 할머니 댁까지 가는 데 180분 걸렸습니다. 민국이가 할머니 댁까지 가는 데 걸린 시간은 몇 시간일까요?

식 180÷60=☐ 　　답 ☐시간

2 문화 센터에서 운영하는 꽃꽂이 수업은 85분 동안 진행됩니다. 꽃꽂이 수업은 몇 시간 몇 분 동안 진행되는 것일까요?

식 ☐÷☐=☐⋯☐

답 ☐시간 ☐분

왼쪽 ①, ②번과 같이 문제의 핵심 부분에 색칠하고,
계산해야 하는 수에 밑줄을 그어 문제를 풀어 보세요.

정답 10쪽

3 서울에서 속초까지 99분 만에 이동할 수 있는 고속 철도를 건설하려고 합니다. 고속 철도가 개통되면 서울에서 속초까지 몇 시간 몇 분 걸릴까요?

식 ______________________ 답 ____________

4 어느 야구 팀이 오늘 194분 동안 경기를 했습니다. 이 야구 팀이 오늘 경기한 시간은 몇 시간 몇 분일까요?

식 ______________________ 답 ____________

5 준희는 지난달에 휴대전화로 720분 동안 통화했습니다. 준희가 지난달에 휴대전화로 통화한 시간은 몇 시간일까요?

식 ______________________ 답 ____________

6 다율이는 가족들과 미국 여행을 가려고 비행기를 855분 동안 탔습니다. 다율이가 비행기를 탄 시간은 몇 시간 몇 분일까요?

식 ______________________ 답 ____________

9일 곱을 구한 후 나누기

이것만 알자

한 묶음에 30씩 4묶음을 20씩 나누어
➔ 30×4를 20으로 나누기

예 책이 책꽂이 한 칸에 30권씩 4칸에 꽂혀 있습니다. 책꽂이에 꽂혀 있는 책을 한 상자에 20권씩 나누어 담으려면 상자는 몇 개 필요할까요?

(책꽂이에 꽂혀 있는 책의 수) = $30 \times 4 = 120$(권)

(필요한 상자의 수) = $120 \div 20 = 6$(개)

답 6개

1 쿠키 반죽이 한 덩이에 150 g씩 3덩이 있습니다. 반죽을 50 g씩 나누어 쿠키를 만든다면 쿠키는 몇 개까지 만들 수 있을까요?

풀이

(쿠키 반죽의 무게) $= 150 \times 3 = 450$(g)

(쿠키의 수) $= 450 \div 50 = \square$(개)

답 □개

2 미래네 학교 4학년 학생들이 버스 한 대에 25명씩 3대로 소풍을 갔습니다. 한 모둠에 15명씩 나누어 놀이를 하려고 한다면 모둠을 몇 개까지 만들 수 있을까요?

풀이

(소풍을 간 학생의 수) $= 25 \times 3 = \square$(명)

(모둠의 수) $= \square \div 15 = \square$(개)

답 □개

왼쪽 ①, ②번과 같이 문제의 핵심 부분에 색칠하고,
계산해야 하는 수들에 밑줄을 그어 문제를 풀어 보세요.

정답 11쪽

3 우주는 한 봉지에 18개씩 들어 있는 초콜릿을 6봉지 사서 친구 한 명에게 12개씩 나누어 주려고 합니다. 초콜릿을 나누어 줄 수 있는 친구는 몇 명일까요?

풀이

답

4 과일 가게에 귤이 한 상자에 72개씩 5상자 있습니다. 귤을 한 봉지에 15개씩 나누어 담는다면 몇 봉지까지 담을 수 있을까요?

풀이

답

5 장미가 한 묶음에 45송이씩 9묶음 있습니다. 장미를 27송이씩 나누어 꽃다발을 만든다면 꽃다발은 몇 개까지 만들 수 있을까요?

풀이

답

공부한 날짜 월 일

10일 곱셈식에서 어떤 수 구하기 (1)

이것만 알자

어떤 수(□)에 ●를 곱했더니 ▲ ➔ □×●=▲
나눗셈식으로 나타내면 ➔ ▲÷●=□

예 어떤 수에 50을 곱했더니 350이 되었습니다. 어떤 수를 구해 보세요.

어떤 수를 □라 하여 곱셈식을 세우고
곱셈식을 나눗셈식으로 나타내어 어떤 수를 구합니다.
□ × 50 = 350 ⇨ 350 ÷ 50 = □, □ = 7

답 7

1 어떤 수에 17을 곱했더니 68이 되었습니다. 어떤 수를 구해 보세요.

풀이

어떤 수
■×17=68
⇨ 68÷17=■, ■=□

답

2 어떤 수에 49를 곱했더니 784가 되었습니다. 어떤 수를 구해 보세요.

풀이

어떤 수
■×□=□
⇨ □÷□=■, ■=□

답

곱셈식에서 어떤 수 구하기 (2)

정답 11쪽

이것만 알자

●에 어떤 수(□)를 곱했더니 ▲ ➔ ●×□=▲

나눗셈식으로 나타내면 ➔ ▲÷●=□

예 13에 어떤 수를 곱했더니 78이 되었습니다. 어떤 수를 구해 보세요.

어떤 수를 □라 하여 곱셈식을 세우고
곱셈식을 나눗셈식으로 나타내어 어떤 수를 구합니다.

$13 \times \square = 78$ ⇨ $78 \div 13 = \square$, $\square = 6$

답 6

1 40에 어떤 수를 곱했더니 360이 되었습니다. 어떤 수를 구해 보세요.

풀이

$40 \times ■ = 360$ (■: 어떤 수)

⇨ $360 \div 40 = ■$, $■ = \square$

답 ______

2 85에 어떤 수를 곱했더니 425가 되었습니다. 어떤 수를 구해 보세요.

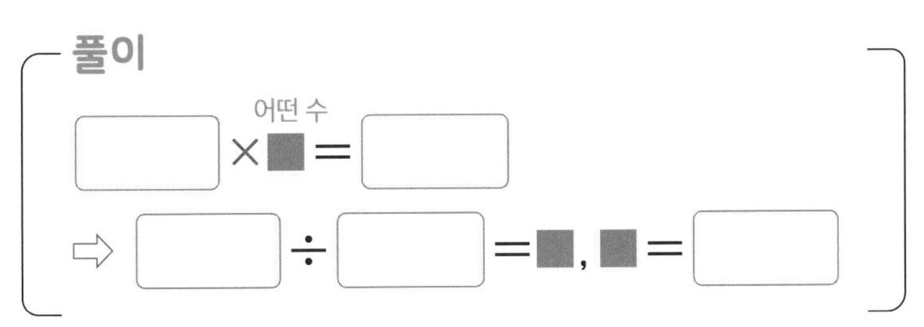

답 ______

10일 나눗셈식에서 어떤 수 구하기 (1)

이것만 알자

어떤 수(□)를 ●로 나누었더니 몫이 ▲ ➔ □÷●=▲

곱셈식으로 나타내면 ➔ ▲×●=□

예 어떤 수를 26으로 나누었더니 몫이 2가 되었습니다. 어떤 수를 구해 보세요.

어떤 수를 □라 하여 나눗셈식을 세우고
나눗셈식을 곱셈식으로 나타내어 어떤 수를 구합니다.

□ ÷ 26 = 2 ⇨ 2 × 26 = □, □ = 52

답 52

1 어떤 수를 16으로 나누었더니 몫이 4가 되었습니다. 어떤 수를 구해 보세요.

풀이

어떤 수

■÷16=4

⇨ 4×16=■, ■=□

답

2 어떤 수를 73으로 나누었더니 몫이 11이 되었습니다. 어떤 수를 구해 보세요.

풀이

어떤 수

■÷□=□

⇨ □×□=■, ■=□

답

나눗셈식에서 어떤 수 구하기 (2)

정답 12쪽

이것만 알자

●를 어떤 수(□)로 나누었더니 몫이 ▲ ➔ ●÷□=▲

다른 나눗셈식으로 나타내면 ➔ ●÷▲=□

예 99를 어떤 수로 나누었더니 몫이 11이 되었습니다. 어떤 수를 구해 보세요.

어떤 수를 □라 하여 나눗셈식을 세우고

나눗셈식을 다른 나눗셈식으로 나타내어 어떤 수를 구합니다.

$99 \div \square = 11$ ⇨ $99 \div 11 = \square$, $\square = 9$

답 9

1 539를 어떤 수로 나누었더니 몫이 77이 되었습니다. 어떤 수를 구해 보세요.

풀이

어떤 수

$539 \div ■ = 77$

⇨ $539 \div 77 = ■$, $■ = \square$

답 ______

2 722를 어떤 수로 나누었더니 몫이 38이 되었습니다. 어떤 수를 구해 보세요.

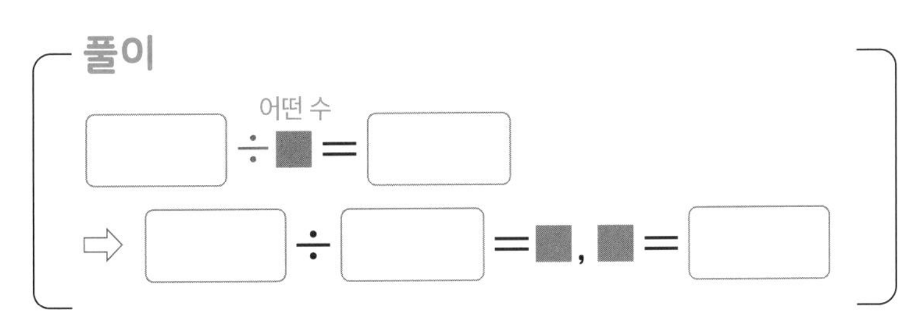

답 ______

11일 마무리하기

40쪽

1 희주는 하루에 850원씩 저금합니다. 희주가 40일 동안 저금한 돈은 모두 얼마일까요?

( )

46쪽

2 상민이는 길이가 210 cm인 리본을 친구 한 명에게 30 cm씩 나누어 주려고 합니다. 리본을 몇 명까지 나누어 줄 수 있을까요?

( )

48쪽

3 열음이는 87분 동안 공연을 관람했습니다. 열음이가 공연을 관람한 시간은 몇 시간 몇 분일까요?

( )

42쪽

4 배구 서브 연습을 세진이는 하루에 170번씩 18일 동안 했고, 현오는 하루에 165번씩 20일 동안 했습니다. 세진이와 현오 중에서 배구 서브 연습을 더 많이 한 사람은 누구일까요?

( )

정답 12쪽

50쪽

5 동태전이 한 줄에 28개씩 30줄 있습니다. 동태전을 한 접시에 12개씩 나누어 놓는다면 몇 접시까지 놓을 수 있을까요?

( )

44쪽

6 수 카드 5장을 한 번씩만 사용하여 가장 큰 세 자리 수와 가장 작은 두 자리 수를 만들었습니다. 만든 두 수의 곱을 구해 보세요.

7 2 8 4 1

( )

55쪽

7 819를 어떤 수로 나누었더니 몫이 63이 되었습니다. 어떤 수를 구해 보세요.

( )

8 48쪽 **도전 문제**

미주는 자전거를 타고 집에서 공원까지 가는 데 47분 걸렸고, 공원에서 30분 동안 쉬다가 다시 집까지 오는 데 52분 걸렸습니다. 미주가 공원을 다녀오는 데 걸린 시간은 몇 시간 몇 분일까요?

❶ 미주가 공원을 다녀오는 데 걸린 시간은 몇 분인지 구하기

→ ( )

❷ 위 ❶을 시간과 분을 이용하여 나타내기

→ ( )

4 평면도형의 이동

준비

기본 문제로
문장제 준비하기

12일차

- 도장에 새겨진 모양 그리기
- 같은 방향으로 여러 번 뒤집기

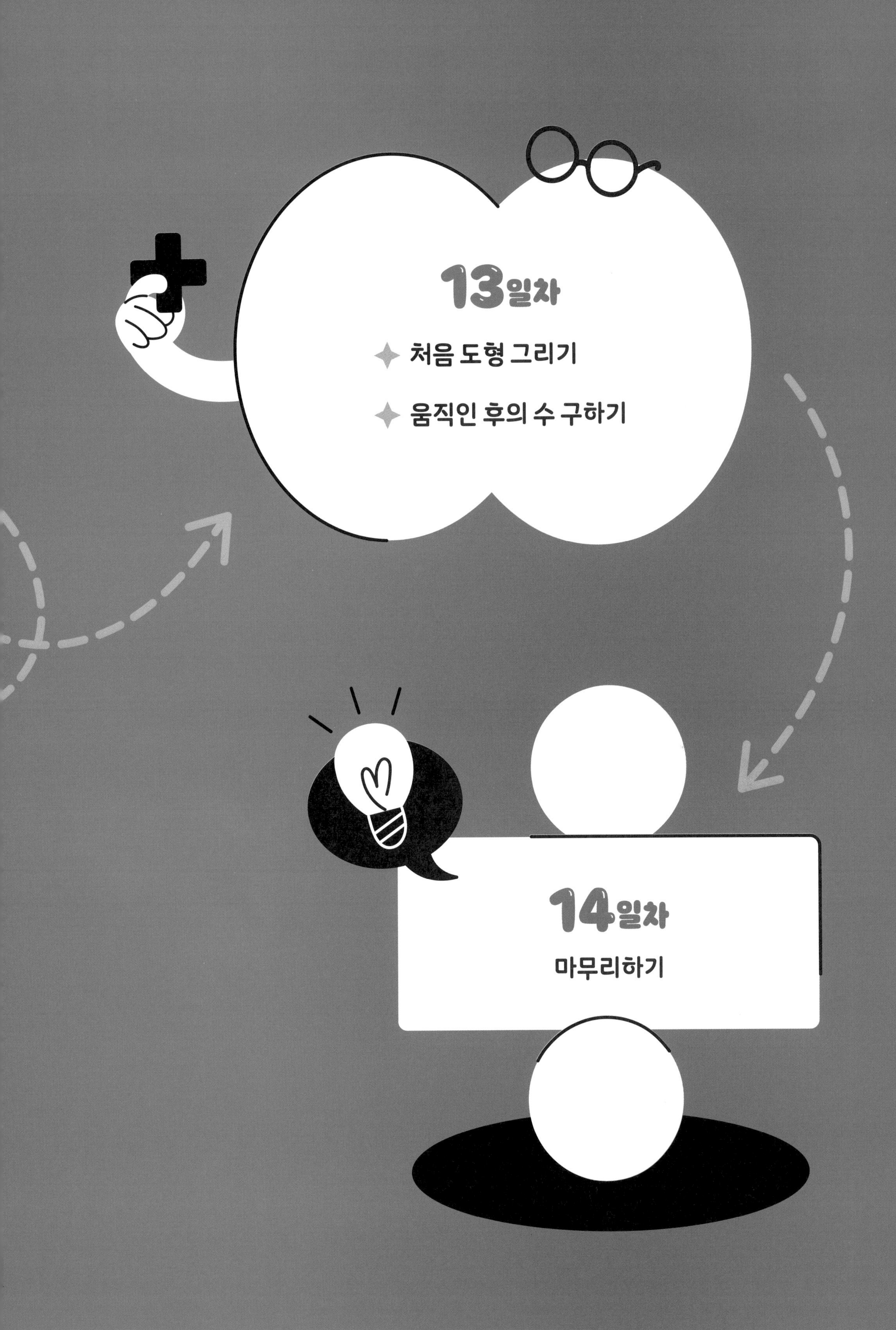
13일차
처음 도형 그리기
움직인 후의 수 구하기
14일차
마무리하기

준비 기본 문제로 문장제 준비하기

1 도형을 주어진 방향으로 밀었을 때의 도형을 그려 보세요.

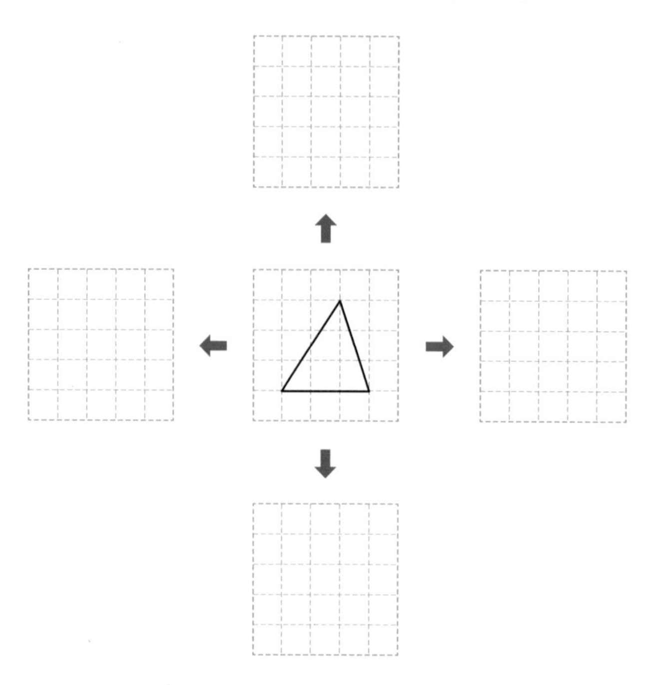

2 도형을 주어진 방향으로 뒤집었을 때의 도형을 그려 보세요.

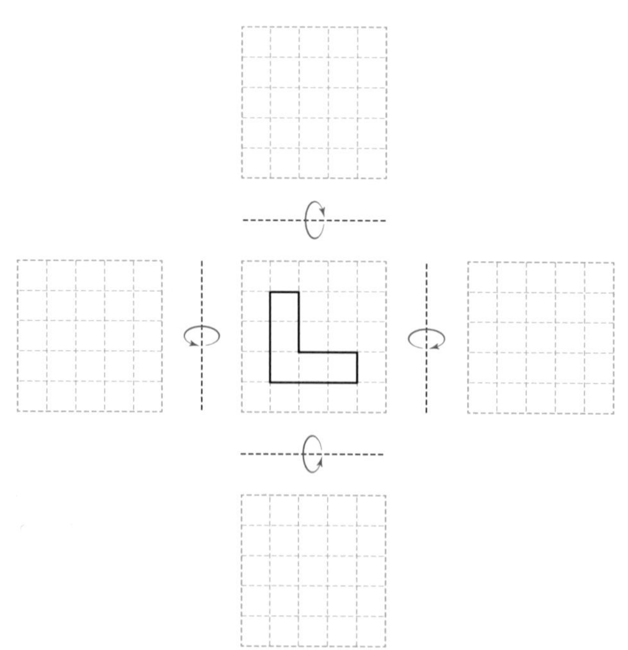

정답 13쪽

3 도형을 시계 방향으로 주어진 각도만큼 돌렸을 때의 도형을 그려 보세요.

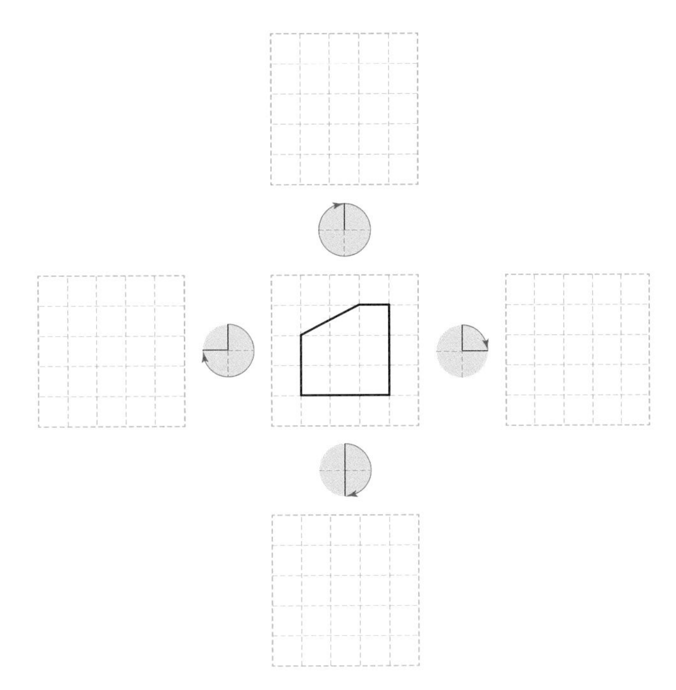

4 도형을 오른쪽으로 뒤집고 시계 반대 방향으로 90°만큼 돌렸을 때의 도형을 각각 그려 보세요.

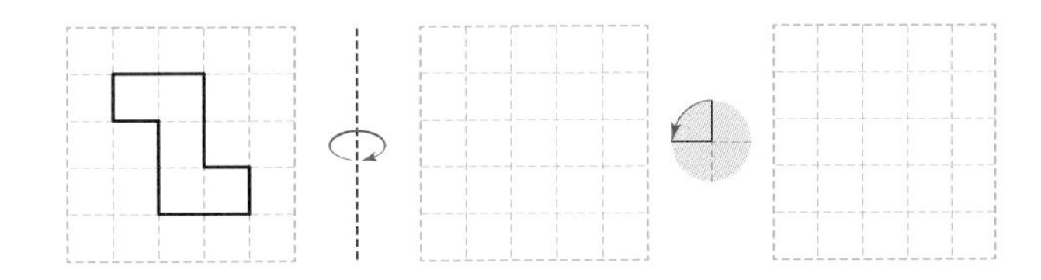

5 모양으로 돌리기를 이용하여 규칙적인 무늬를 만들어 보세요.

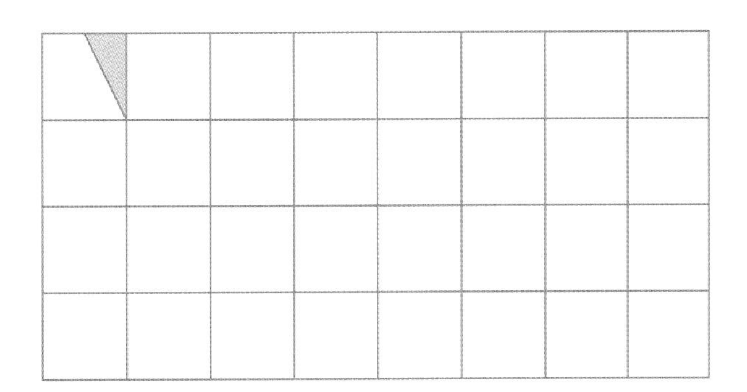

12일 도장에 새겨진 모양 그리기

이것만 알자

도장에 새겨진 모양은?
→ 찍은 모양을 옆으로 뒤집은 모양 그리기

예 오른쪽 모양은 도장에 새겨진 모양을 찍은 것입니다. 도장에 새겨진 모양을 그려 보세요.

도장에 모양을 새겨 찍으면
옆으로 뒤집었을 때의 모양과 같습니다.
따라서 도장에 새겨진 모양은 찍은 모양인
여름을 옆으로 뒤집은 모양입니다.

거울에 비친 모양도 원래 모양을 옆으로 뒤집은 모양과 같아요.

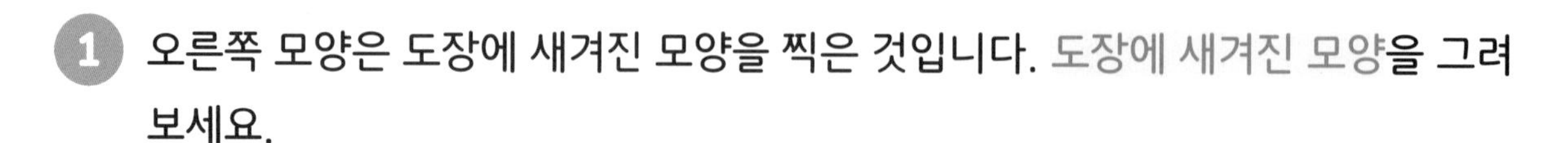

1 오른쪽 모양은 도장에 새겨진 모양을 찍은 것입니다. 도장에 새겨진 모양을 그려 보세요.

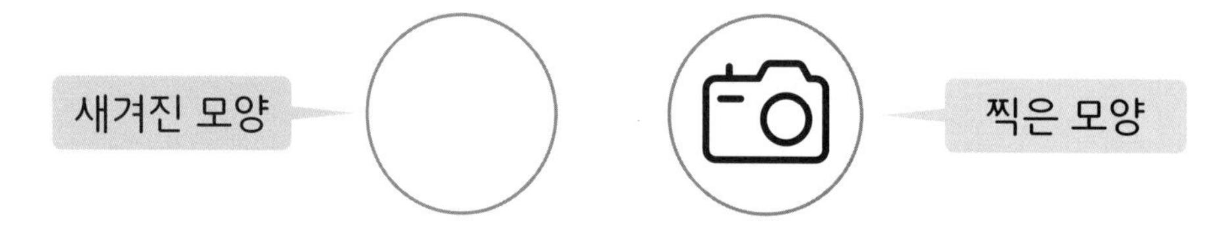

2 오른쪽 모양은 도장에 새겨진 모양을 찍은 것입니다. 도장에 새겨진 모양을 그려 보세요.

왼쪽 ①, ②번과 같이 문제의 핵심 부분에 색칠하고,
문제를 풀어 보세요.

정답 13쪽

3 오른쪽 모양은 도장에 새겨진 모양을 찍은 것입니다. 도장에 새겨진 모양을 그려 보세요.

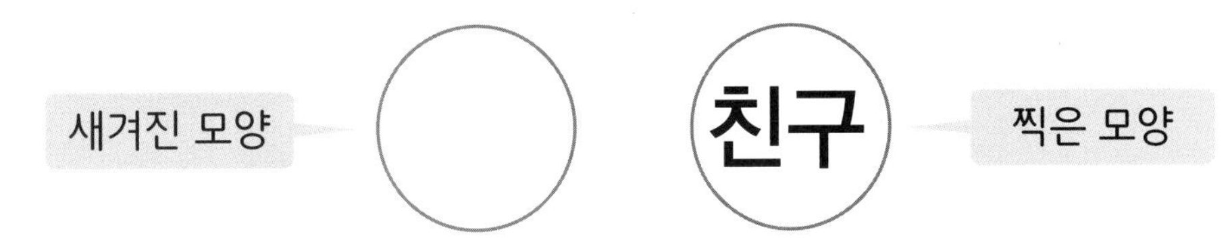

4 오른쪽 모양은 글자가 거울에 비친 것입니다. 거울에 비치기 전 모양을 그려 보세요.

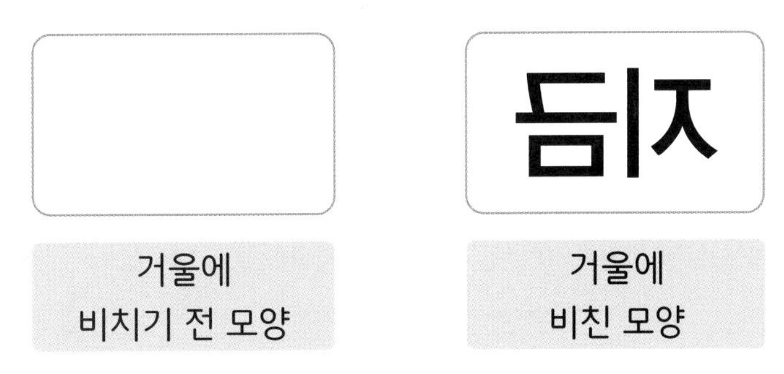

5 오른쪽 모양은 글자가 거울에 비친 것입니다. 거울에 비치기 전 모양을 그려 보세요.

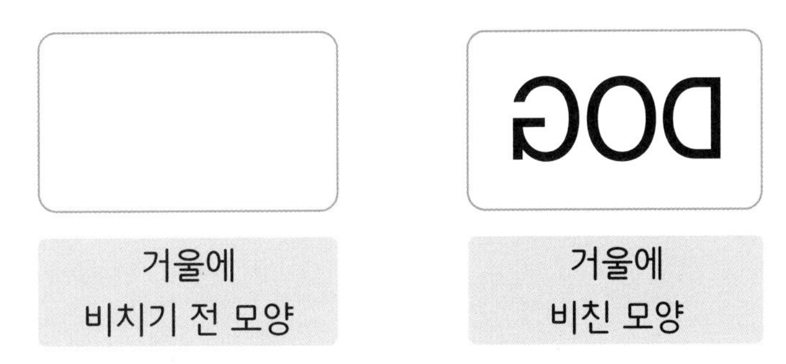

12일 같은 방향으로 여러 번 뒤집기

이것만 알자

같은 방향으로 홀수 번 뒤집기
➔ 처음 도형을 한 번 뒤집은 모양 그리기
같은 방향으로 짝수 번 뒤집기
➔ 처음 도형과 같은 모양 그리기

예 도형을 오른쪽으로 3번 뒤집었을 때의 도형을 그려 보세요.

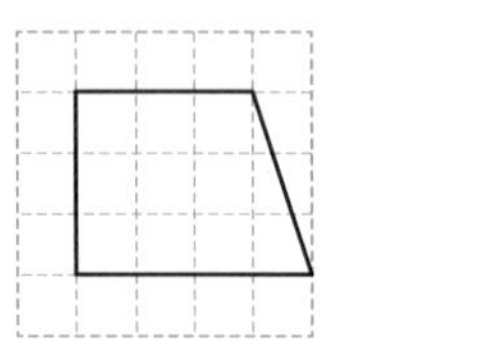
처음 도형

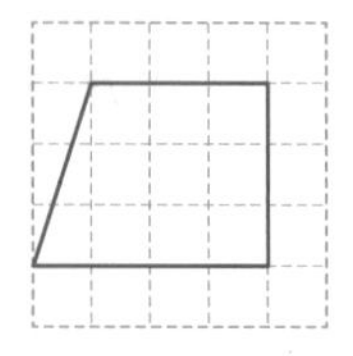
움직인 도형

3은 홀수이므로 도형을 오른쪽으로 3번 뒤집으면
처음 도형을 오른쪽으로 한 번 뒤집은 모양과 같습니다.

1 도형을 아래쪽으로 2번 뒤집었을 때의 도형을 그려 보세요.

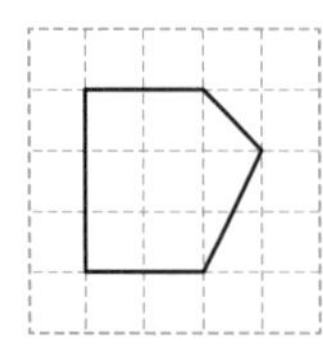
처음 도형

움직인 도형

2 도형을 위쪽으로 5번 뒤집었을 때의 도형을 그려 보세요.

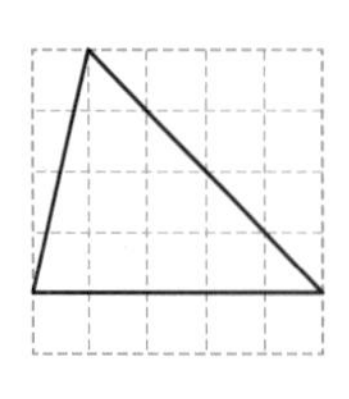
처음 도형

움직인 도형

왼쪽 ①, ②번과 같이 문제의 핵심 부분에 색칠하고,
문제를 풀어 보세요.

정답 14쪽

③ 도형을 왼쪽으로 6번 뒤집었을 때의 도형을 그려 보세요.

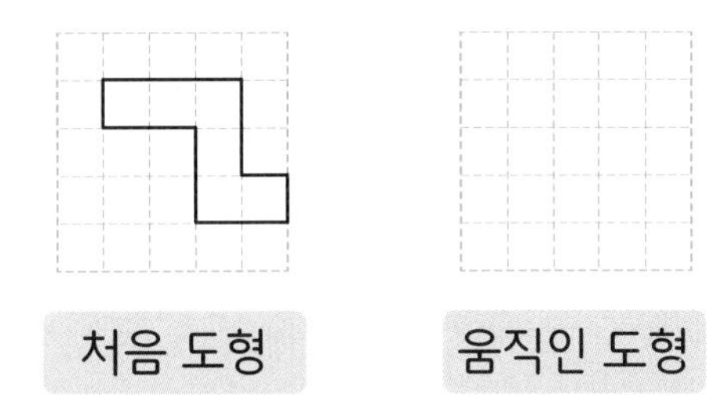

④ 도형을 위쪽으로 9번 뒤집었을 때의 도형을 그려 보세요.

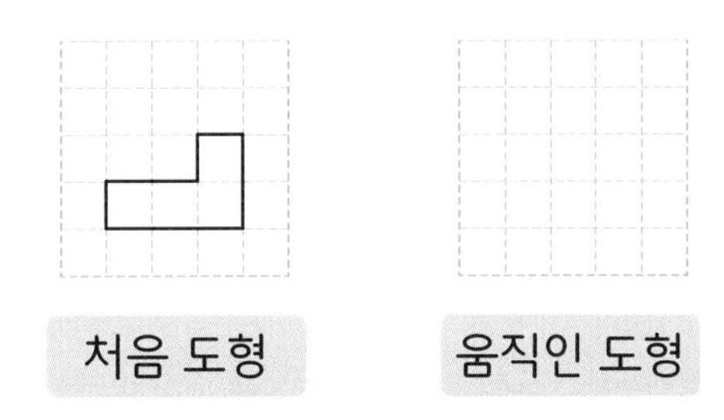

⑤ 도형을 아래쪽으로 14번 뒤집었을 때의 도형을 그려 보세요.

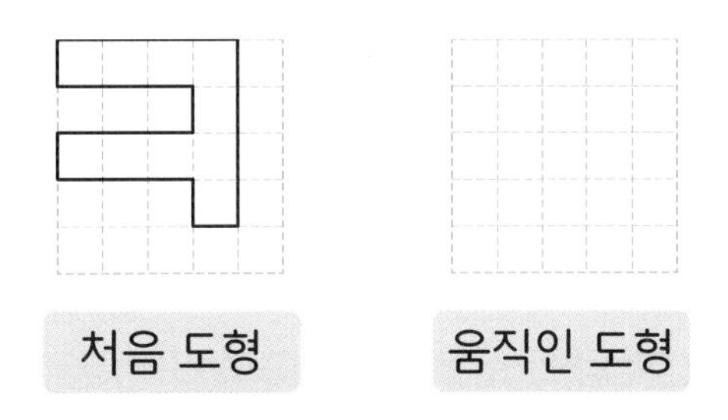

⑥ 도형을 오른쪽으로 33번 뒤집었을 때의 도형을 그려 보세요.

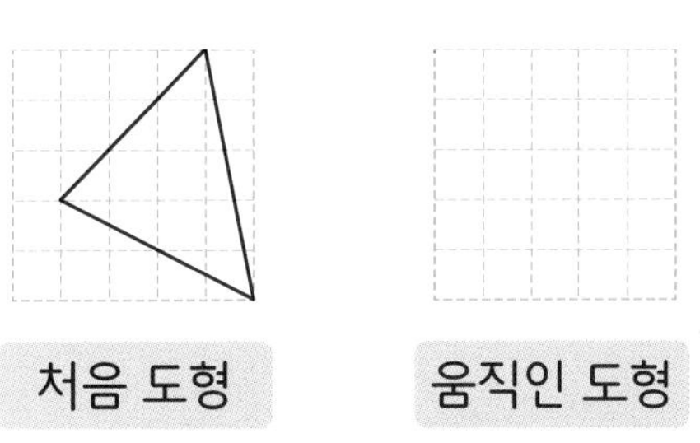

13일 처음 도형 그리기

이것만 알자

처음 도형은?
➔ 움직인 방법을 반대로 하여 움직이기

예 어떤 도형을 오른쪽으로 뒤집었을 때의 도형입니다. 처음 도형을 그려 보세요.

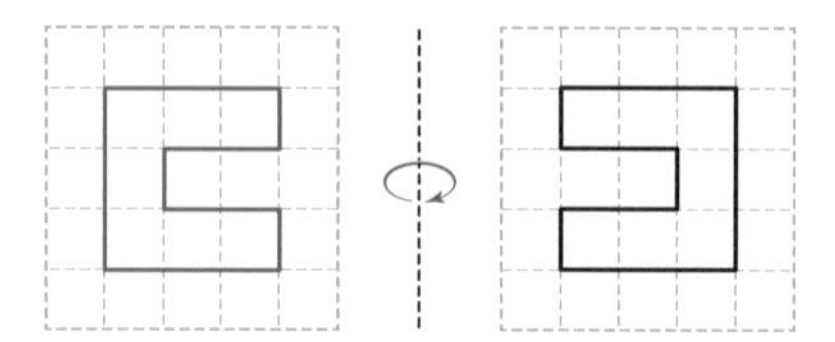

오른쪽으로 뒤집었을 때의 도형을 다시 왼쪽으로 뒤집으면 처음 도형이 됩니다.

1 어떤 도형을 시계 방향으로 90°만큼 돌렸을 때의 도형입니다. 처음 도형을 그려 보세요.

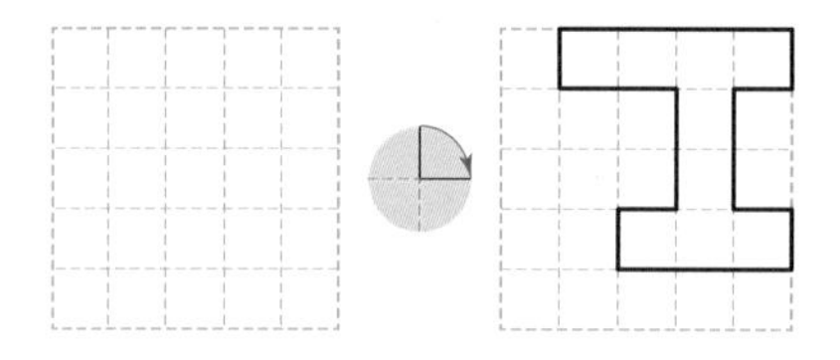

2 어떤 도형을 아래쪽으로 뒤집었을 때의 도형입니다. 처음 도형을 그려 보세요.

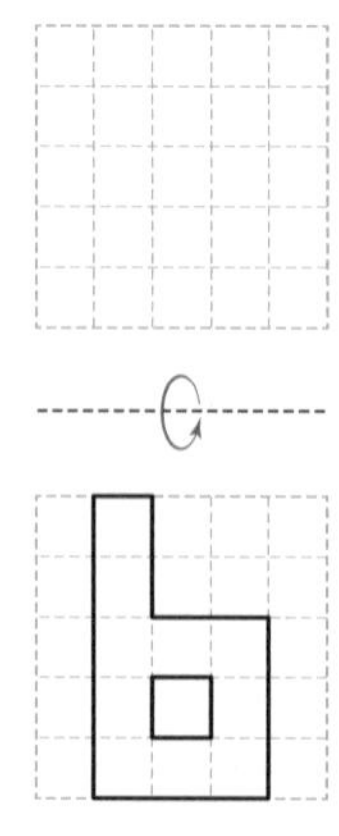

왼쪽 ①, ②번과 같이 문제의 핵심 부분에 색칠하고,
문제를 풀어 보세요.

정답 14쪽

③ 어떤 도형을 위쪽으로 뒤집었을 때의 도형입니다. 처음 도형을 그려 보세요.

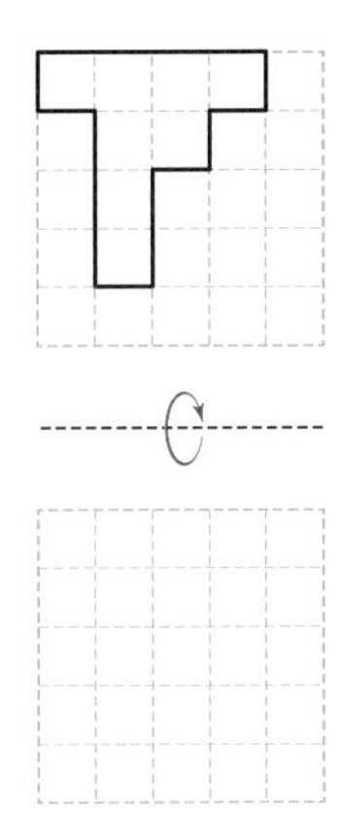

④ 어떤 도형을 시계 반대 방향으로 90°만큼 돌렸을 때의 도형입니다. 처음 도형을 그려 보세요.

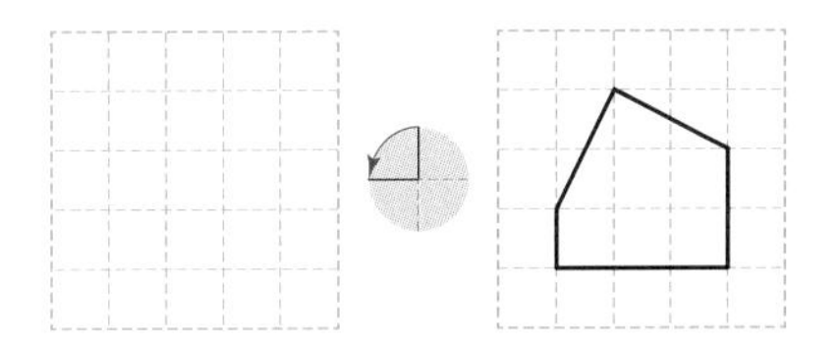

⑤ 어떤 도형을 시계 방향으로 180°만큼 돌렸을 때의 도형입니다. 처음 도형을 그려 보세요.

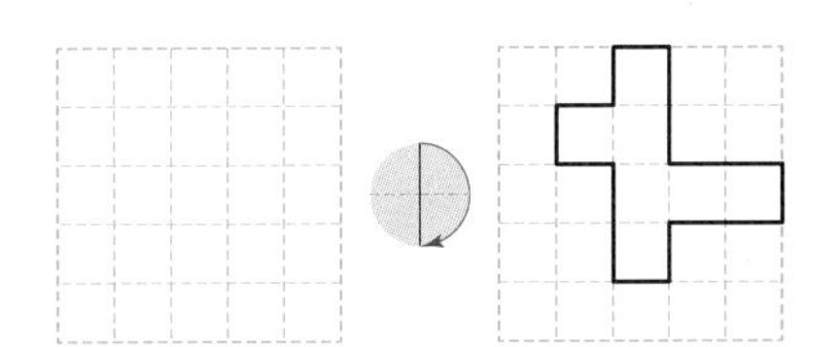

13일

움직인 후의 수 구하기

이것만 알자

움직였을 때의 수는 얼마인가?
→ 움직인 후의 모양을 그려서 수 구하기

예 세 자리 수를 오른쪽으로 뒤집었을 때의 수는 얼마일까요?

508

508 | 802

세 자리 수를 오른쪽으로 뒤집었을 때의 모양을 그려 보면 802입니다.

답 802

1 세 자리 수를 아래쪽으로 뒤집었을 때의 수는 얼마일까요?

102

( )

2 세 자리 수를 시계 방향으로 180°만큼 돌렸을 때의 수는 얼마일까요?

982

( )

왼쪽 ①, ②번과 같이 문제의 핵심 부분에 색칠하고,
문제를 풀어 보세요.

정답 15쪽

③ 세 자리 수를 왼쪽으로 뒤집었을 때의 수는 얼마일까요?

(   )

④ 세 자리 수를 시계 방향으로 180°만큼 돌렸을 때의 수는 얼마일까요?

(   )

⑤ 세 자리 수를 위쪽으로 뒤집었을 때의 수는 얼마일까요?

(   )

⑥ 세 자리 수를 시계 반대 방향으로 180°만큼 돌렸을 때의 수는 얼마일까요?

(   )

마무리하기

62쪽

1 오른쪽 모양은 도장에 새겨진 모양을 찍은 것입니다. 도장에 새겨진 모양을 그려 보세요.

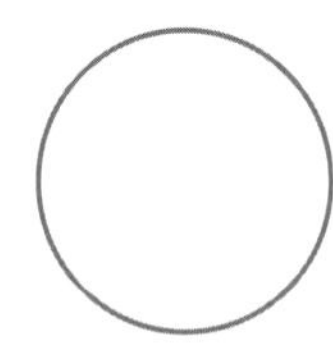

새겨진 모양

찍은 모양

64쪽

2 도형을 오른쪽으로 10번 뒤집었을 때의 도형을 그려 보세요.

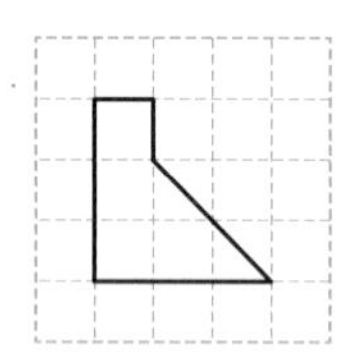

처음 도형

움직인 도형

64쪽

3 도형을 아래쪽으로 51번 뒤집었을 때의 도형을 그려 보세요.

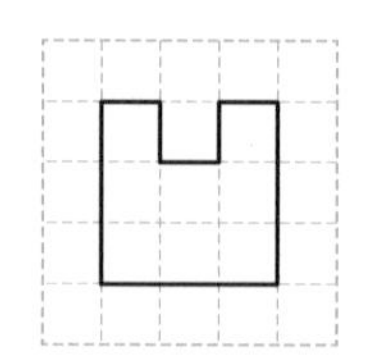

처음 도형

움직인 도형

62쪽

4 오른쪽 모양은 글자가 거울에 비친 것입니다. 거울에 비치기 전 모양을 그려 보세요.

거울에 비치기 전 모양

ᗡИA

거울에 비친 모양

정답 15쪽

66쪽

5 어떤 도형을 왼쪽으로 뒤집었을 때의 도형입니다. 처음 도형을 그려 보세요.

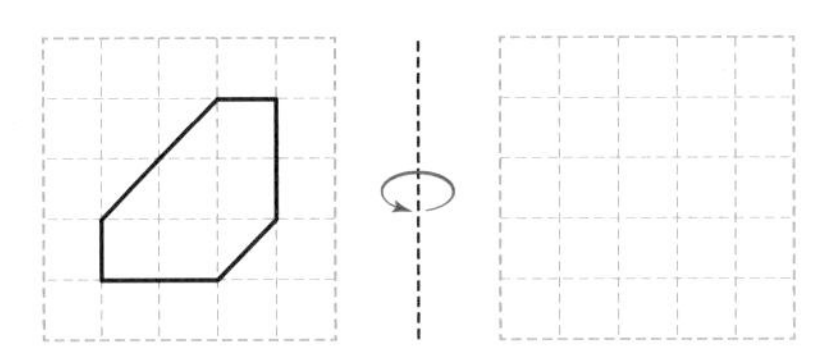

66쪽

6 어떤 도형을 시계 방향으로 270°만큼 돌렸을 때의 도형입니다. 처음 도형을 그려 보세요.

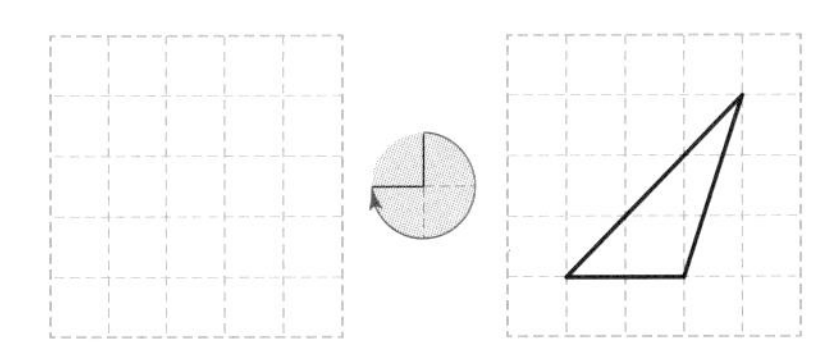

68쪽

7 세 자리 수를 오른쪽으로 뒤집었을 때의 수는 얼마일까요?

( )

8 68쪽 도전 문제

세 자리 수를 시계 방향으로 180°만큼 돌렸을 때의 수와 처음 수의 차는 얼마인지 구해 보세요.

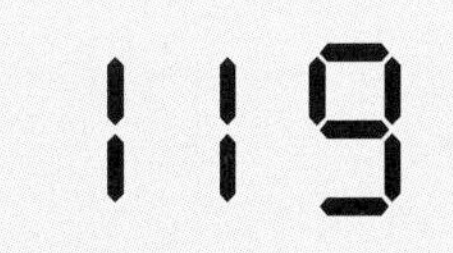

❶ 시계 방향으로 180°만큼 돌렸을 때의 수

→ ( )

❷ 위 ❶의 수와 처음 수의 차

→ ( )

5 막대그래프

준비

기본 문제로
문장제 준비하기

15일차

✦ 눈금 한 칸의 크기 구하기

✦ 항목의 수량 구하기

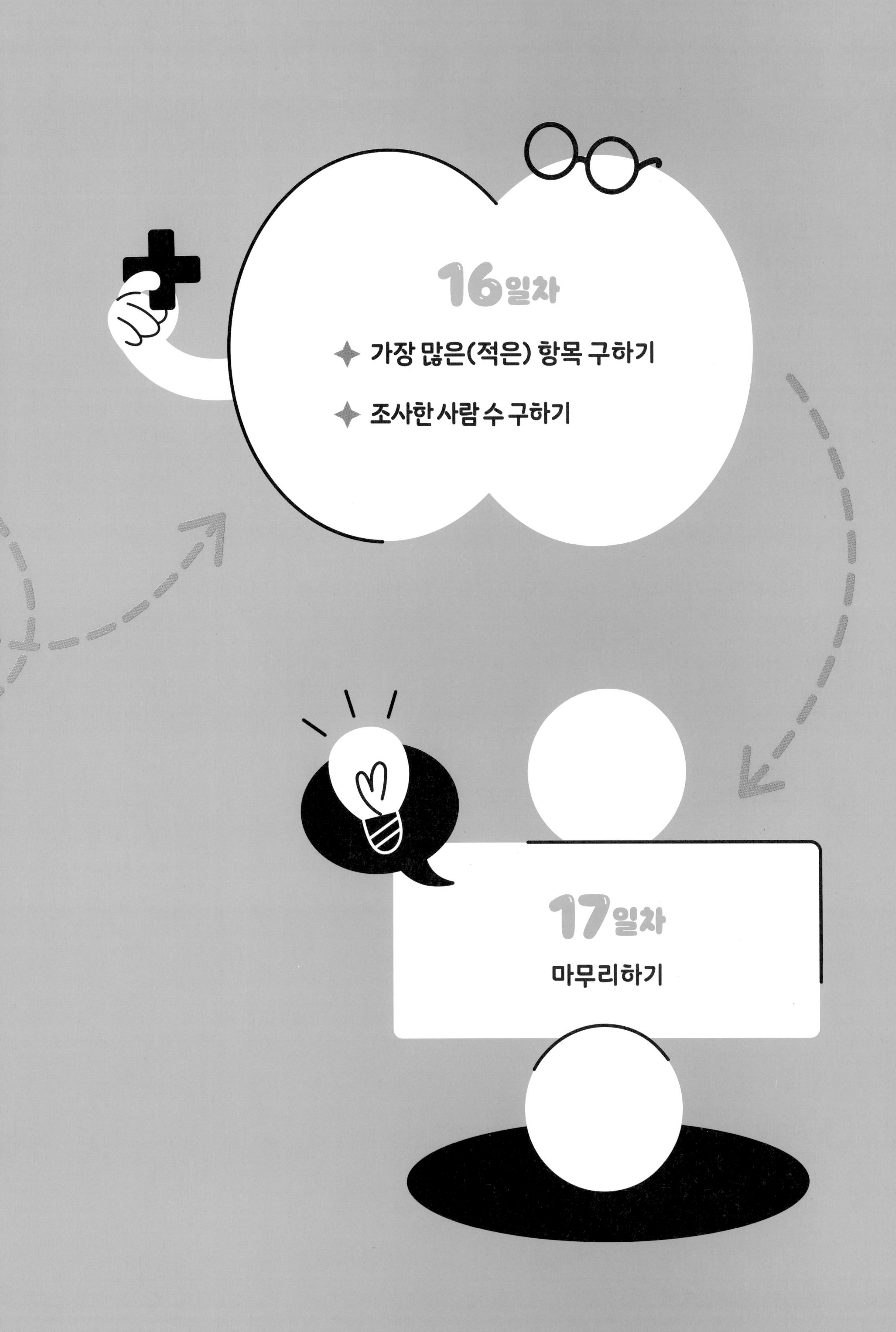
16일차
가장 많은(적은) 항목 구하기
조사한 사람 수 구하기
17일차
마무리하기

준비 기본 문제로 문장제 준비하기

도아네 반 학생들이 좋아하는 운동을 조사하여 나타낸 그래프입니다. 물음에 답하세요.

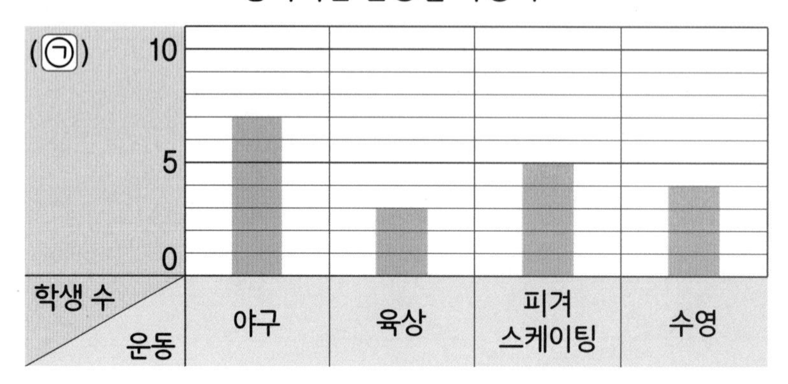

1 위와 같이 조사한 자료의 수를 막대 모양으로 나타낸 그래프를 무엇이라고 할까요?

( )

2 가로와 세로는 각각 무엇을 나타낼까요?

가로 ( ), 세로 ( )

3 막대의 길이는 무엇을 나타낼까요?

( )

4 그래프에서 ㉠에 알맞은 단위는 무엇일까요?

( )

정답 16쪽

5 경인이네 모둠 학생들이 가지고 있는 사탕 수를 조사하여 나타낸 표입니다. 표를 보고 막대그래프로 나타내어 보세요.

학생별 가지고 있는 사탕 수

이름	경인	아라	준서	합계
사탕 수(개)	5	9	3	17

학생별 가지고 있는 사탕 수

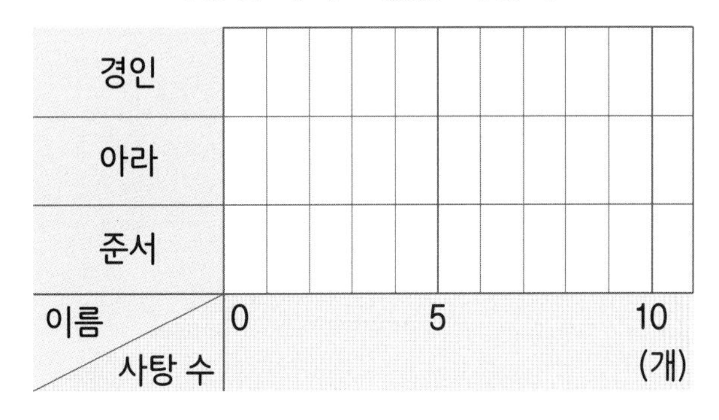

6 은지네 반 학생들이 좋아하는 색깔을 조사한 것입니다. 조사한 자료를 보고 표와 막대그래프로 각각 나타내어 보세요.

학생들이 좋아하는 색깔

흰색	흰색	분홍색	흰색	분홍색	흰색	검은색	초록색
분홍색	초록색	흰색	초록색	초록색	흰색	흰색	초록색
초록색	분홍색	흰색	초록색	초록색	검은색	흰색	초록색

좋아하는 색깔별 학생 수

색깔	흰색	분홍색	검은색	초록색	합계
학생 수(명)					

좋아하는 색깔별 학생 수

공부한 날짜 월 일

15일 눈금 한 칸의 크기 구하기

이것만 알자

눈금 5칸이 50을 나타낼 때 눈금 한 칸의 크기는?

➔ 50÷5

예 학교별 식목일에 심은 나무의 수를 조사하여 나타낸 막대그래프입니다.
세로 눈금 한 칸은 몇 그루를 나타낼까요?

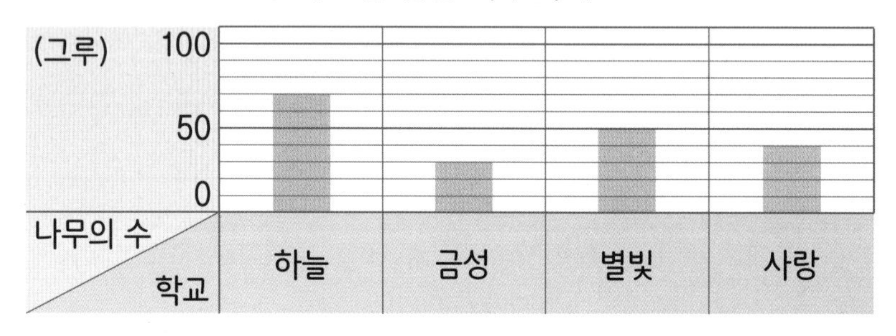

세로 눈금 5칸이 50그루를 나타내므로
세로 눈금 한 칸은 50 ÷ 5 = 10(그루)를 나타냅니다.

답 10그루

1 찬혁이네 모둠 학생들이 한 달 동안 읽은 책의 수를 조사하여 나타낸 막대그래프입니다.
가로 눈금 한 칸은 몇 권을 나타낼까요?

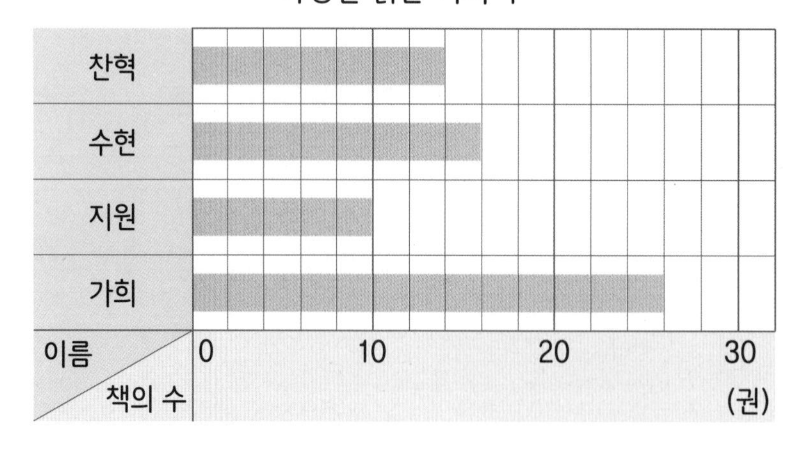

(권)

왼쪽 ❶번과 같이 문제의 핵심 부분에 색칠하고,
문제를 풀어 보세요.

정답 16쪽

❷ 카페에서 어제 판매한 음료수를 조사하여 나타낸 막대그래프입니다.
세로 눈금 한 칸은 몇 잔을 나타낼까요?

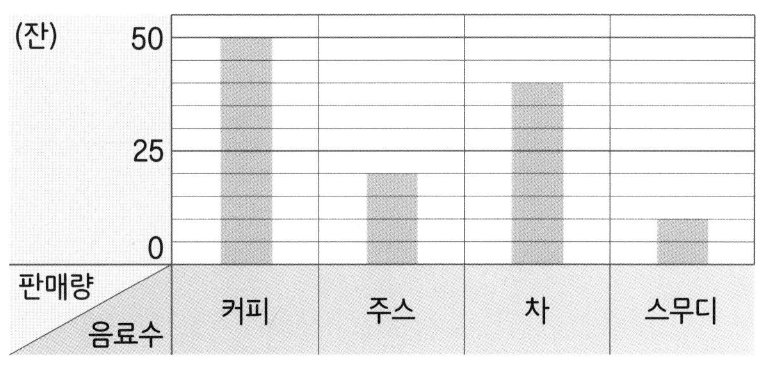

( )

❸ 선미네 농장에서 키우는 동물의 수를 조사하여 나타낸 막대그래프입니다.
세로 눈금 한 칸은 몇 마리를 나타낼까요?

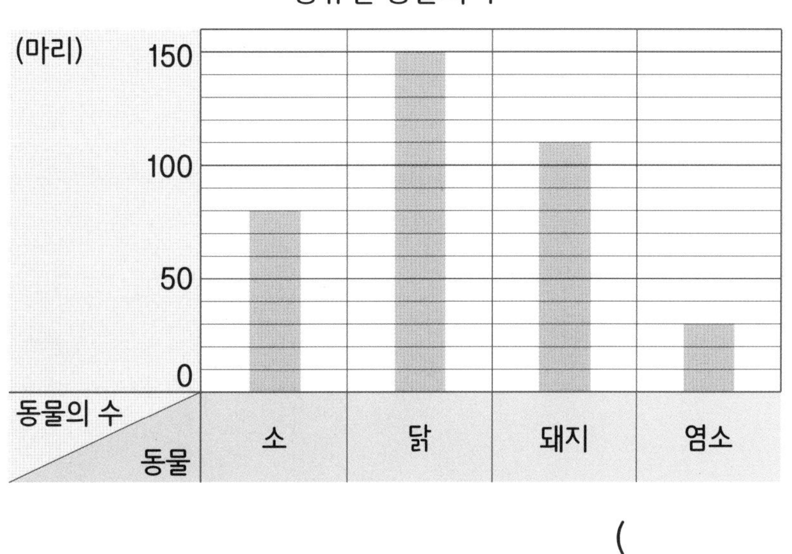

( )

15일

항목의 수량 구하기

이것만 알자 **항목의 수량은? ➔ (눈금 한 칸의 크기)×(막대의 칸수)**

예 화인이네 모둠 학생들이 작년에 한 봉사활동 시간을 조사하여 나타낸 막대그래프입니다. 화인이는 작년에 봉사활동을 몇 시간 했을까요?

학생별 봉사활동 시간

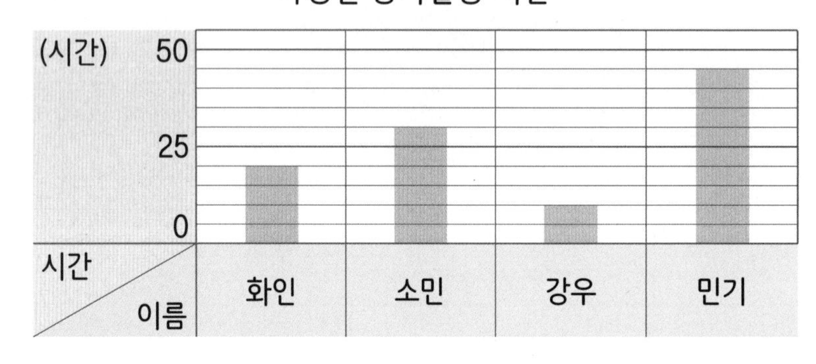

세로 눈금 한 칸이 5시간을 나타내므로
화인이는 봉사활동을 $5 \times 4 = 20$(시간) 했습니다.

답 20시간

1 민건이네 반 학생들이 생일에 받고 싶어 하는 선물을 조사하여 나타낸 막대그래프입니다. 시계를 받고 싶어 하는 학생은 몇 명일까요?

받고 싶어 하는 선물별 학생 수

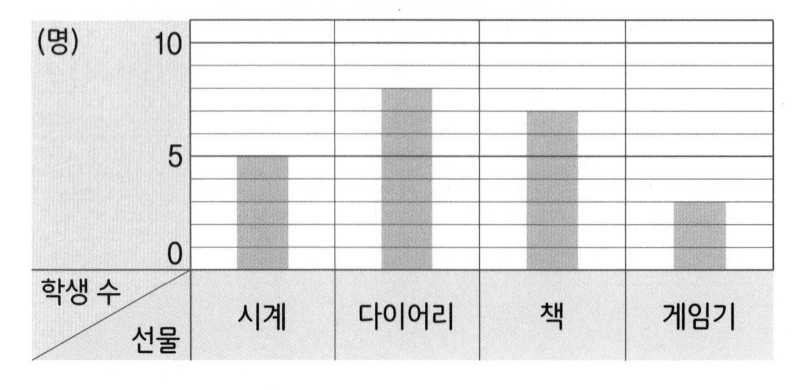

(명)

왼쪽 1번과 같이 문제의 핵심 부분에 색칠하고,
문제를 풀어 보세요.

정답 17쪽

2 주아네 모둠 학생들의 줄넘기 기록을 조사하여 나타낸 막대그래프입니다.
주아의 줄넘기 기록은 몇 번일까요?

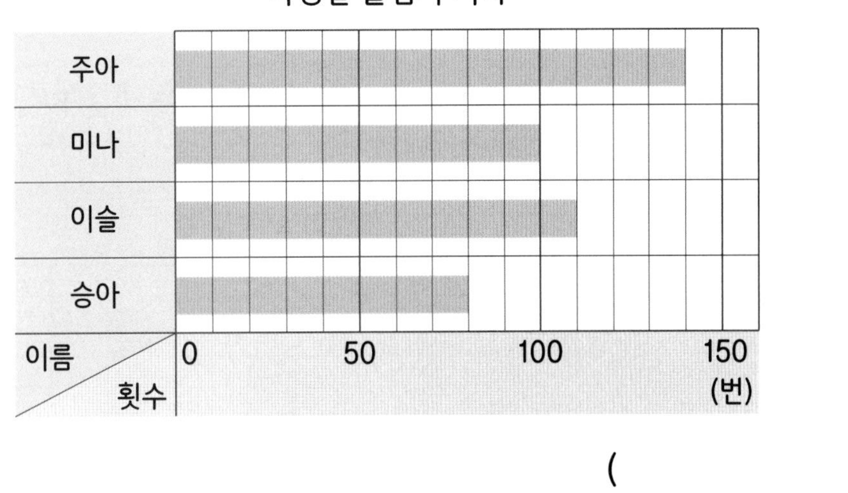

(　　　　　　　)

3 주원이가 이번 주에 요일별로 자전거를 탄 시간을 조사하여 나타낸 막대그래프입니다. 주원이가 목요일에 자전거를 탄 시간은 몇 분일까요?

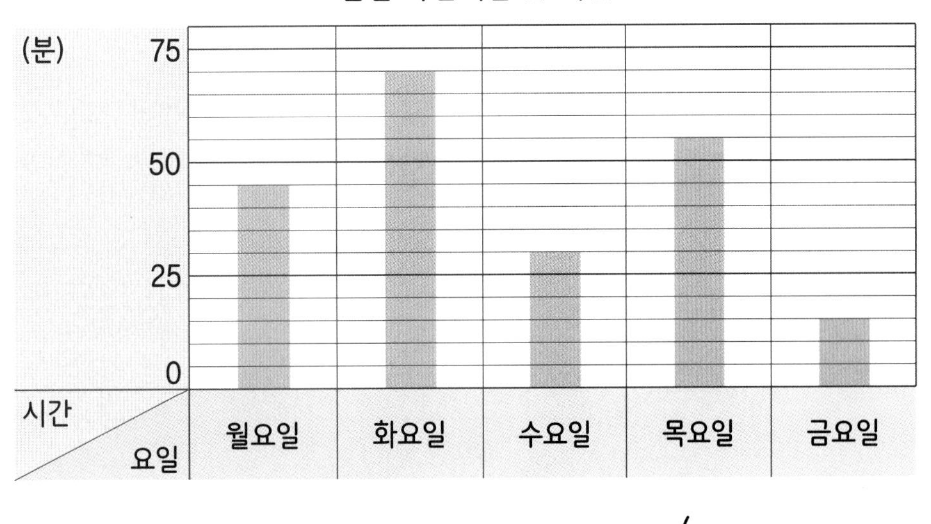

(　　　　　　　)

16일 가장 많은(적은) 항목 구하기

이것만 알자

가장 많은 항목은?
➔ 막대의 길이가 가장 긴 항목 구하기

예 선아네 반 학생들의 혈액형을 조사하여 나타낸 막대그래프입니다.
가장 많은 혈액형은 무엇일까요?

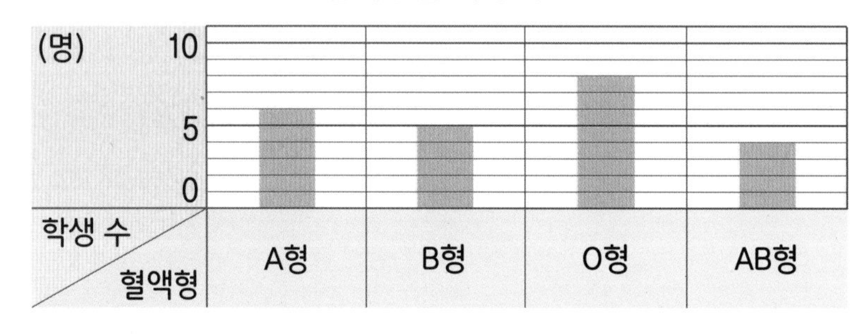

막대의 길이를 비교해 보면 가장 많은 혈액형은 막대의 길이가 가장 긴 O형입니다.

답 O형

가장 적은 항목은 막대의 길이가 가장 짧은 항목이에요.

1 윤아와 친구들이 어제 TV를 본 시간을 조사하여 나타낸 막대그래프입니다.
TV를 본 시간이 가장 짧은 사람은 누구일까요?

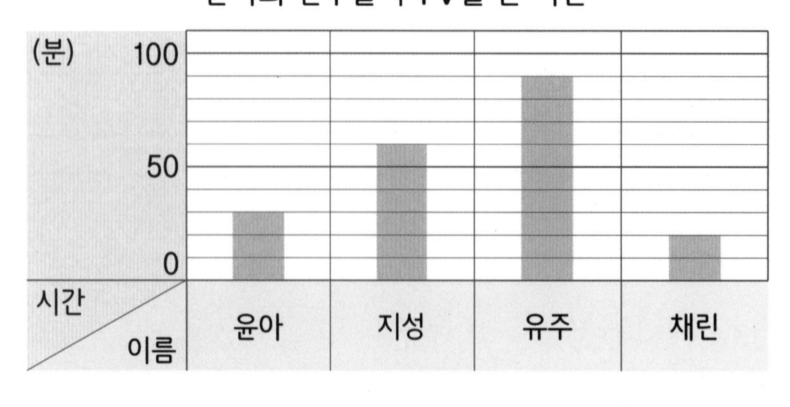

( )

왼쪽 1번과 같이 문제의 핵심 부분에 색칠하고,
문제를 풀어 보세요.

정답 17쪽

2 예준이네 반 학생들이 존경하는 위인을 조사하여 나타낸 막대그래프입니다. 가장 많은 학생들이 존경하는 위인은 누구일까요?

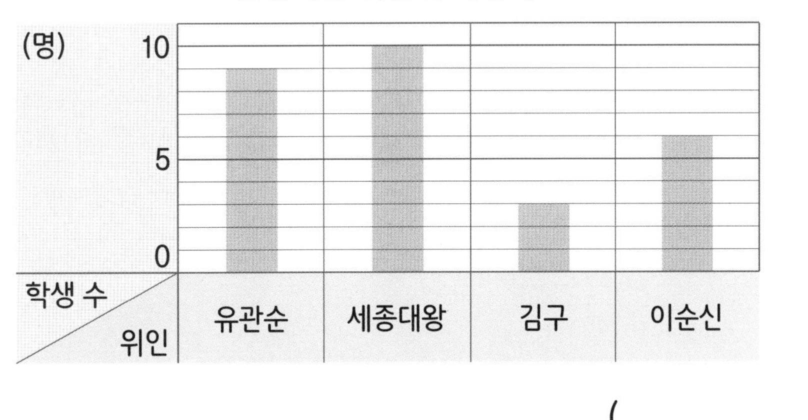

( )

3 동건이네 반은 협동을 잘 한 모둠에게 모둠 점수를 주고 있습니다. 동건이네 반 모둠별 협동 점수를 나타낸 막대그래프입니다. 협동 점수가 가장 높은 모둠은 어느 모둠일까요?

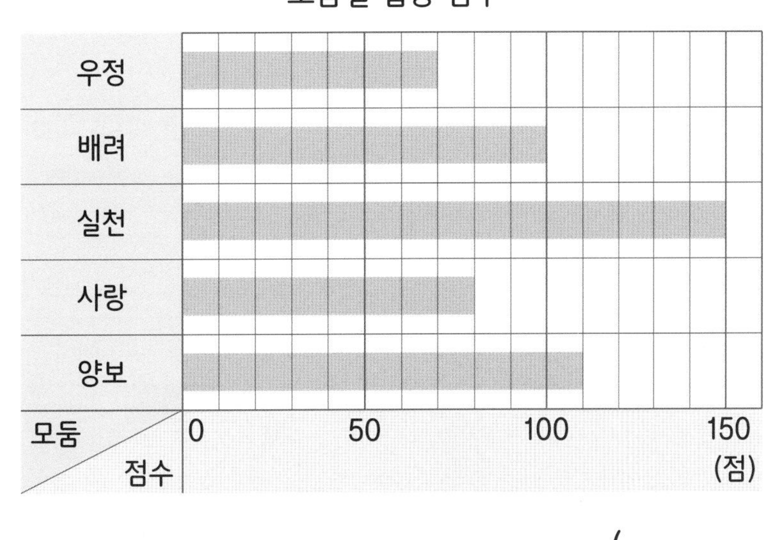

( )

16일 조사한 사람 수 구하기

이것만 알자 **모두 몇 명인가? ➔ 항목별 사람 수의 합 구하기**

예 시완이네 학교 4학년 학생 수를 조사하여 나타낸 막대그래프입니다. 시완이네 학교 4학년 학생은 모두 몇 명일까요?

반별 학생 수

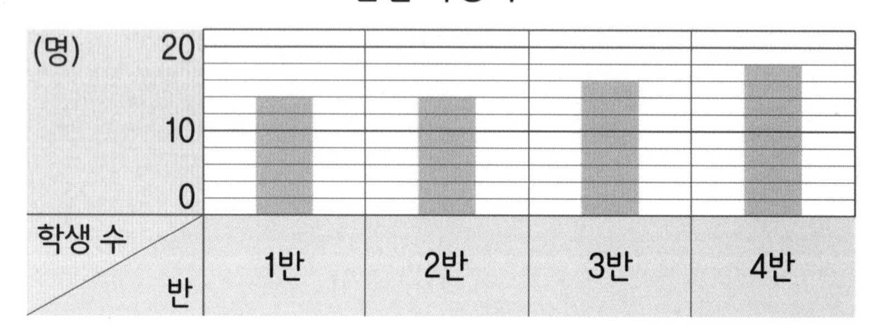

세로 눈금 한 칸의 크기는 2명이므로 학생 수를 1반부터 차례대로 써 보면 14명, 14명, 16명, 18명입니다.

⇨ (시완이네 학교 4학년 학생 수) = 14 + 14 + 16 + 18 = 62(명)

답 62명

1 하늘이네 반 학생들이 좋아하는 꽃을 조사하여 나타낸 막대그래프입니다. 하늘이네 반 학생은 모두 몇 명일까요?

좋아하는 꽃별 학생 수

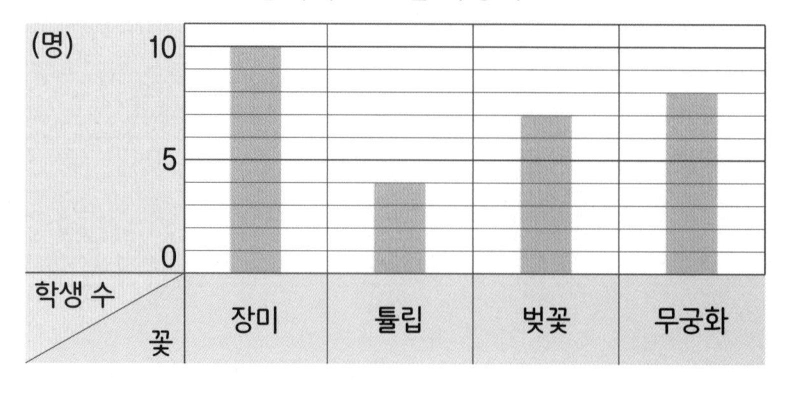

(명)

왼쪽 ❶번과 같이 문제의 핵심 부분에 색칠하고,
문제를 풀어 보세요.

정답 18쪽

2 설아네 반 학생들이 소풍 때 가고 싶어 하는 장소를 조사하여 나타낸 막대그래프입니다. 설아네 반 학생은 모두 몇 명일까요?

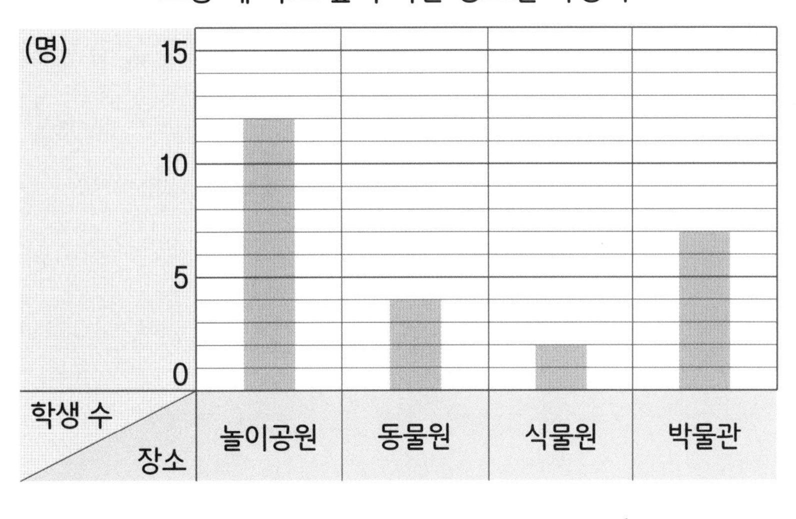

(   )

3 상상 초등학교 학생들의 장래 희망을 조사하여 나타낸 막대그래프입니다. 상상 초등학교 학생은 모두 몇 명일까요?

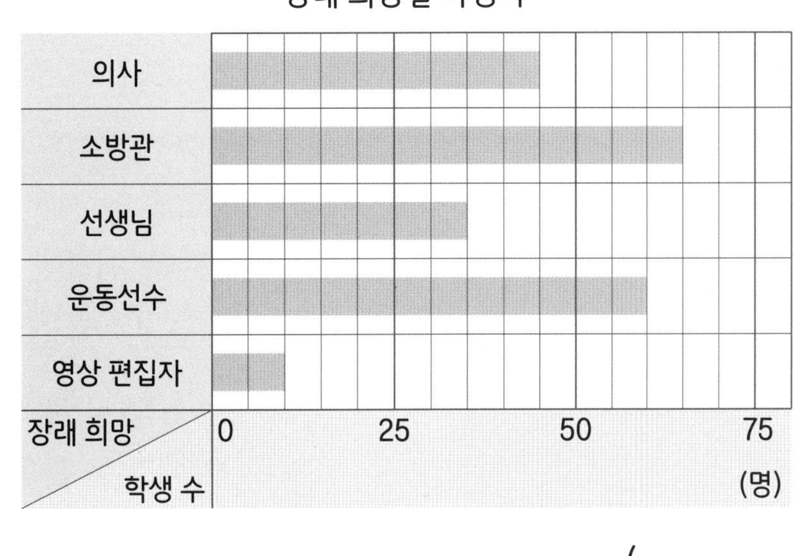

(   )

17일 마무리하기

[1~2] 라희네 학교 4학년 학생들이 좋아하는 동물을 조사하여 나타낸 막대그래프입니다. 물음에 답하세요.

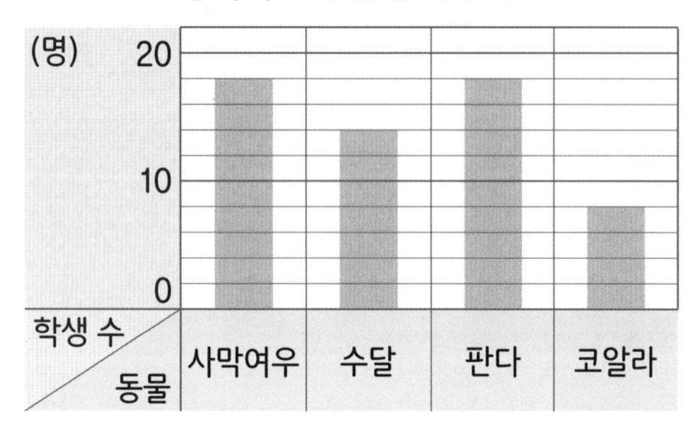

76쪽

1 세로 눈금 한 칸은 몇 명을 나타낼까요?

( )

78쪽

2 사막여우를 좋아하는 학생은 몇 명일까요?

( )

[3~4] 준혁이가 한 달 동안 과목별로 공부한 시간을 조사하여 나타낸 막대그래프입니다. 물음에 답하세요.

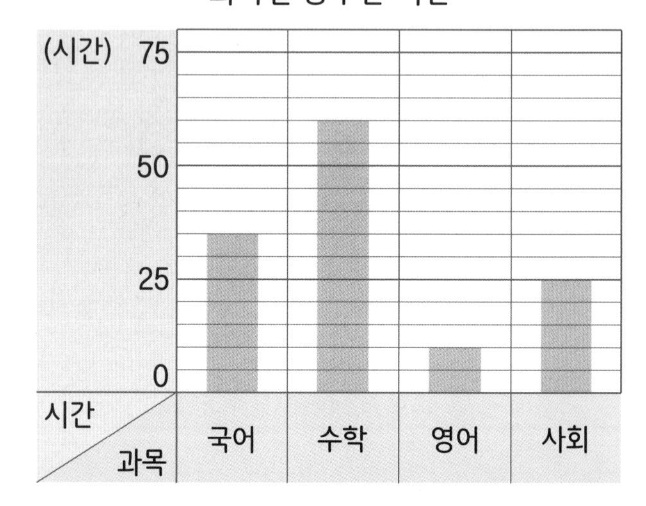

78쪽

3 국어를 공부한 시간은 몇 시간일까요?

( )

80쪽

4 공부한 시간이 가장 긴 과목과 가장 짧은 과목은 각각 무엇일까요?

가장 긴 과목 ( )

가장 짧은 과목 ( )

정답 18쪽

[5~6] 송이가 가지고 있는 색종이의 색깔을 조사하여 나타낸 막대그래프입니다. 물음에 답하세요.

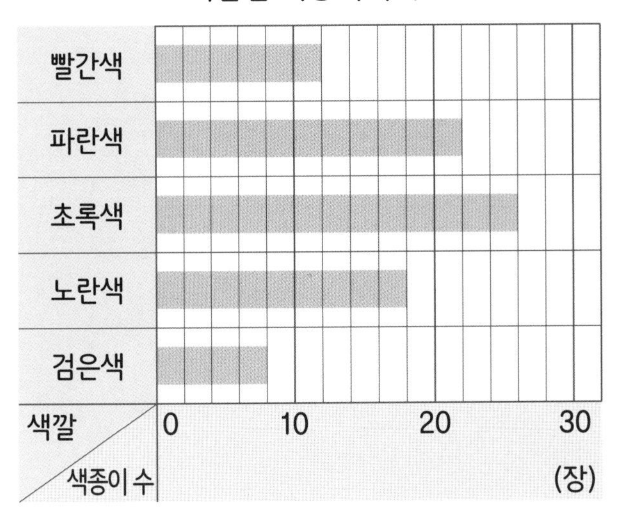

80쪽

5 가장 많이 가지고 있는 색종이의 색깔은 무슨 색일까요?

( )

82쪽

6 송이가 가지고 있는 색종이는 모두 몇 장일까요?

( )

[7~8] 해리네 마을에서 하루 동안 모은 재활용품의 무게를 조사하여 나타낸 막대그래프입니다. 물음에 답하세요.

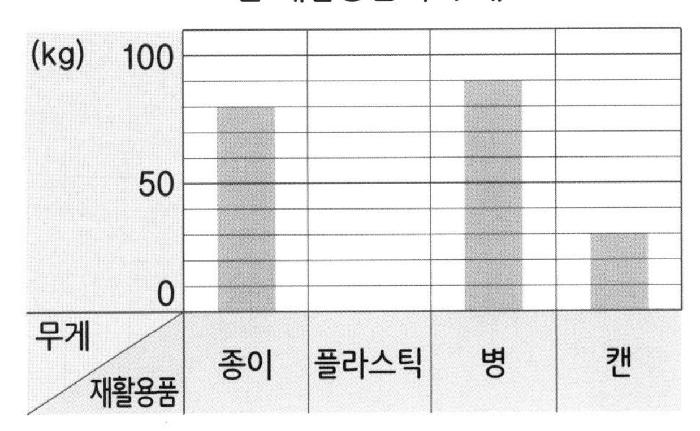

76쪽

7 세로 눈금 한 칸은 몇 kg을 나타낼까요?

( )

8 80쪽 82쪽 도전 문제

모은 재활용품의 무게의 합이 250 kg일 때 무게가 가장 적은 재활용품은 무엇일까요?

❶ 플라스틱의 무게
→ ( )

❷ 무게가 가장 적은 재활용품
→ ( )

6 규칙 찾기

준비

기본 문제로
문장제 준비하기

18일차

- 좌석 번호 구하기
- 도형의 수 구하기

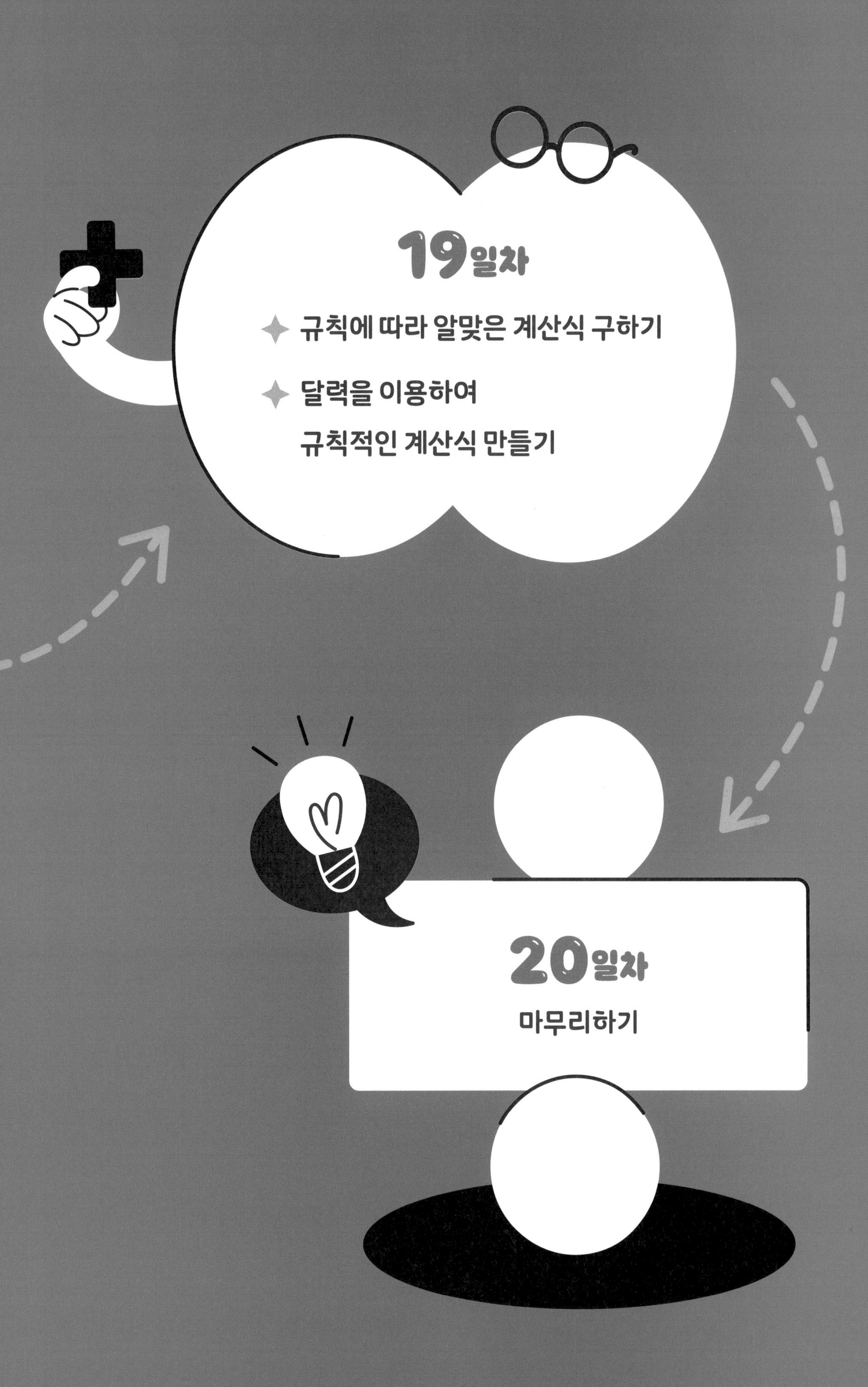
19일차
규칙에 따라 알맞은 계산식 구하기
달력을 이용하여
규칙적인 계산식 만들기
20일차
마무리하기

준비 기본 문제로 문장제 준비하기

수 배열표를 보고 물음에 답하세요.

1007	1107	1207	1307	1407
2007	2107	2207	2307	2407
3007	3107	3207	3307	3407
4007	4107	4207	㉠	4407
5007	5107	5207	5307	5407

1 가로줄은 오른쪽으로 갈수록 몇씩 커지는 규칙일까요?

( )

2 세로줄은 아래쪽으로 갈수록 몇씩 커지는 규칙일까요?

( )

3 색칠된 칸의 규칙을 써 보세요.

규칙

4 ㉠에 알맞은 수를 구해 보세요.

( )

정답 19쪽

5 도형의 배열에서 규칙을 찾아 식으로 나타내어 도형의 수를 구해 보세요.

첫째 둘째 셋째 넷째

$1\times1=1$ $2\times2=4$ $3\times\square=\square$ $\square\times\square=\square$

6 곱셈식의 규칙에 따라 □ 안에 알맞은 수를 써넣으세요.

$9\times12=108$

$9\times23=207$

$9\times34=306$

$9\times45=\square$

7 수 배열표의 수를 이용하여 규칙적인 계산식을 만들었습니다. □ 안에 알맞은 수를 써넣으세요.

111	112	113	114	115	116	117	118
119	120	121	122	123	124	125	126

$119-111=120-112$

$120-112=121-113$

$121-113=122-114$

$122-114=123-\square$

공부한 날짜 월 일

18일 좌석 번호 구하기

이것만 알자

알맞은 좌석 번호는?
➔ 가로줄과 세로줄에서 좌석 번호가 변하는 규칙 찾기

예 영화관 좌석표에서 규칙을 찾아 ■에 알맞은 좌석 번호를 구해 보세요.

영화관 좌석표

A5	A6	A7	A8	A9	A10
B5	B6	B7	B8	B9	B10
C5	C6	C7	C8	■	C10
D5	D6	D7	D8	D9	D10

세로(↓)로 보면 A9에서 시작하여 알파벳이 순서대로 바뀌고 수는 그대로이고,
가로(→)로 보면 C5에서 시작하여 알파벳은 그대로이고 수가 1씩 커지므로
■에 알맞은 좌석 번호는 C9입니다.

답 C9

1 공연장 좌석표에서 규칙을 찾아 ■에 알맞은 좌석 번호를 구해 보세요.

공연장 좌석표

B15	B16	B17	B18	B19	B20	B21	B22
C15	C16	C17	C18	C19	C20	C21	C22
D15	D16	D17	D18	D19	D20	D21	D22
E15	E16	E17	E18	E19	E20	■	E22
F15	F16	F17	F18	F19	F20	F21	F22

( )

왼쪽 ①번과 같이 문제의 핵심 부분에 색칠하고,
문제를 풀어 보세요.

정답 19쪽

2 비행기 좌석표에서 규칙을 찾아 ■에 알맞은 좌석 번호를 구해 보세요.

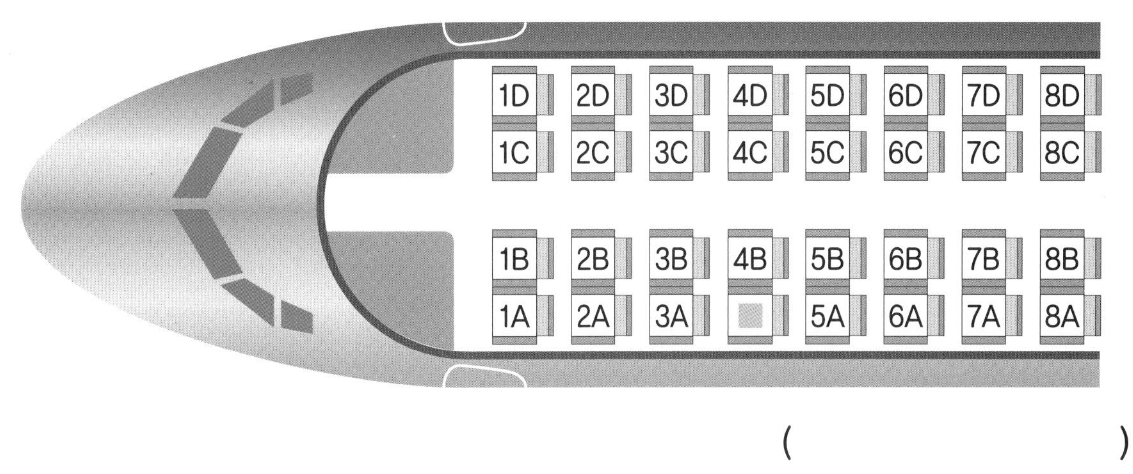

( )

3 KTX 좌석표에서 규칙을 찾아 ■에 알맞은 좌석 번호를 구해 보세요.

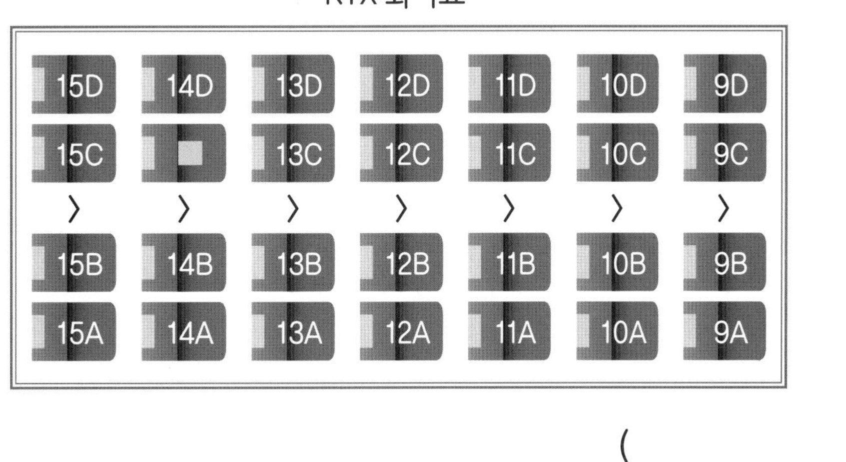

( )

18일 도형의 수 구하기

이것만 알자

~째에 알맞은 도형의 수는?

→ 도형의 수가 변하는 규칙 찾기

예 도형의 배열에서 규칙을 찾아 넷째에 알맞은 도형의 수를 구해 보세요.

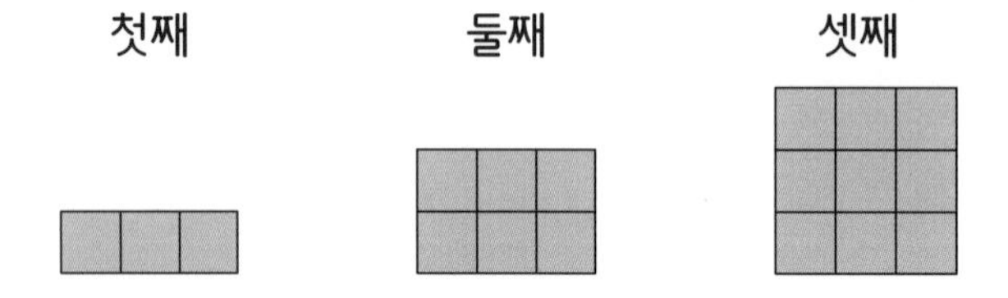

도형이 3개부터 시작하여 3개씩 늘어나는 규칙입니다.

(넷째에 알맞은 도형의 수) = (셋째의 도형의 수) + 3 = 9 + 3 = 12(개)

답 12개

1 도형의 배열에서 규칙을 찾아 넷째에 알맞은 도형의 수를 구해 보세요.

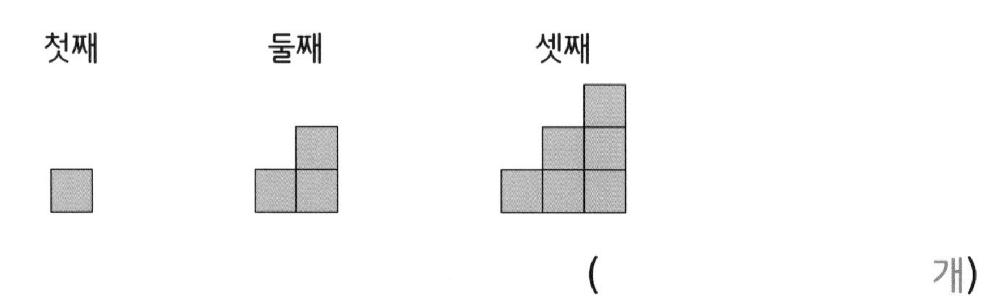

(개)

2 도형의 배열에서 규칙을 찾아 넷째에 알맞은 도형의 수를 구해 보세요.

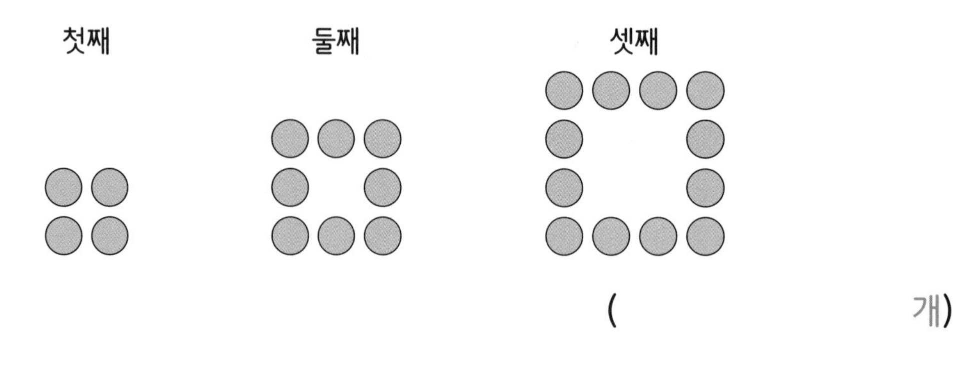

(개)

왼쪽 ①, ②번과 같이 문제의 핵심 부분에 색칠하고,
문제를 풀어 보세요.

정답 20쪽

3 도형의 배열에서 규칙을 찾아 다섯째에 알맞은 도형의 수를 구해 보세요.

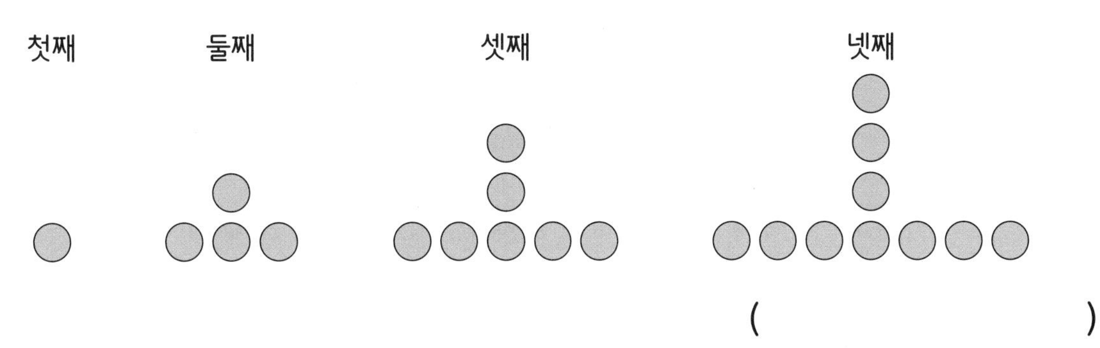

(　　　　　　　　)

4 도형의 배열에서 규칙을 찾아 여섯째에 알맞은 도형의 수를 구해 보세요.

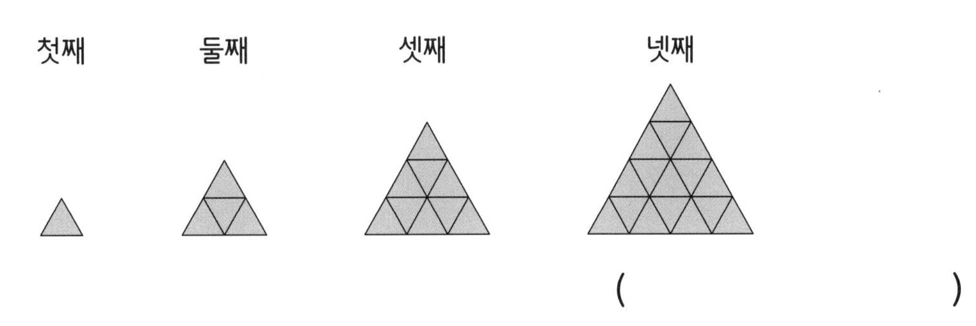

(　　　　　　　　)

5 도형의 배열에서 규칙을 찾아 일곱째에 알맞은 도형의 수를 구해 보세요.

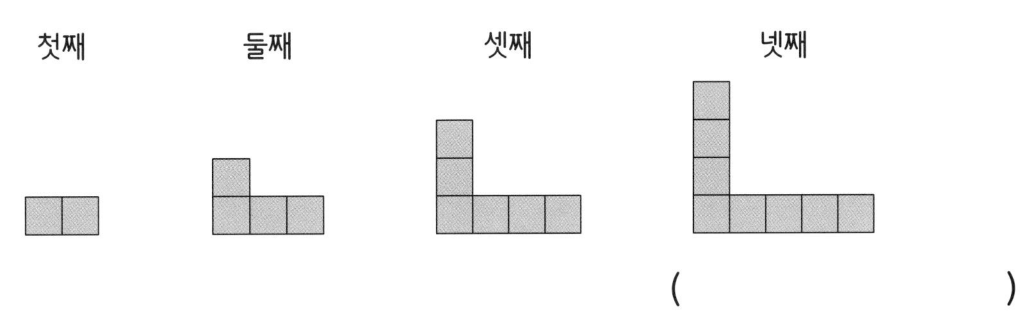

(　　　　　　　　)

공부한 날짜 월 일

19일 규칙에 따라 알맞은 계산식 구하기

이것만 알자

알맞은 계산식은?
→ 계산하는 수가 변하는 규칙 찾기

예 덧셈식의 규칙에 따라 넷째 빈칸에 알맞은 덧셈식을 구해 보세요.

순서	덧셈식
첫째	9+1=10
둘째	99+11=110
셋째	999+111=1110
넷째	

더해지는 수의 9가 1개씩 늘어나고 더하는 수의 1이 1개씩 늘어나면
계산 결과는 10, 110, 1110……으로 1이 한 개씩 늘어나는 규칙입니다.

답 9999 + 1111 = 11110

1 뺄셈식의 규칙에 따라 다섯째 빈칸에 알맞은 뺄셈식을 써넣으세요.

순서	뺄셈식
첫째	7650−1200=6450
둘째	7650−2200=5450
셋째	7650−3200=4450
넷째	7650−4200=3450
다섯째	

왼쪽 ①번과 같이 문제의 핵심 부분에 색칠하고,
문제를 풀어 보세요.

정답 20쪽

② 곱셈식의 규칙에 따라 다섯째 빈칸에 알맞은 곱셈식을 써넣으세요.

순서	곱셈식
첫째	$5\times9=45$
둘째	$55\times9=495$
셋째	$555\times9=4995$
넷째	$5555\times9=49995$
다섯째	

③ 계산식의 규칙에 따라 다섯째 빈칸에 알맞은 계산식을 써넣으세요.

순서	계산식
첫째	$2500-100+200=2600$
둘째	$2500-200+400=2700$
셋째	$2500-300+600=2800$
넷째	$2500-400+800=2900$
다섯째	

④ 나눗셈식의 규칙에 따라 다섯째 빈칸에 알맞은 나눗셈식을 써넣으세요.

순서	나눗셈식
첫째	$3\div3=1$
둘째	$9\div3\div3=1$
셋째	$27\div3\div3\div3=1$
넷째	$81\div3\div3\div3\div3=1$
다섯째	

19일

달력을 이용하여 규칙적인 계산식 만들기

이것만 알자

달력의 규칙

➔ ① 오른쪽으로 갈수록 수가 1씩 커집니다.
② 아래쪽으로 갈수록 수가 7씩 커집니다.

예 달력의 ☐ 안의 수를 이용하여 규칙적인 계산식을 만들었습니다. 빈칸에 알맞은 계산식을 구해 보세요.

일	월	화	수	목	금	토
	1	2	3	4	5	6
7	8	9	10	11	12	13
14	15	16	17	18	19	20
21	22	23	24	25	26	27
28	29	30				

$8-1=7$ $15-8=7$

$22-15=7$ ______

아래에 있는 수에서 위에 있는 수를 빼면 계산 결과가 7로 같은 규칙입니다.

답 $29-22=7$

1 위 달력의 ☐ 안의 수를 이용하여 규칙적인 계산식을 만들었습니다. 빈칸에 알맞은 계산식을 써넣으세요.

$7+1=8$ $8+1=9$ $9+1=10$ ______

2 위 달력의 ☐ 안의 수를 이용하여 규칙적인 계산식을 만들었습니다. 빈칸에 알맞은 계산식을 써넣으세요.

$13-12=1$ $12-11=1$ $11-10=1$ ______

왼쪽 ①, ②번과 같이 문제의 핵심 부분에 색칠하고,
문제를 풀어 보세요.

정답 21쪽

[③~⑤] 달력을 보고 물음에 답하세요.

일	월	화	수	목	금	토
1	2	3	4	5	6	7
8	9	10	11	12	13	14
15	16	17	18	19	20	21
22	23	24	25	26	27	28
29	30					

③ 달력의 □ 안의 수를 이용하여 규칙적인 계산식을 만들었습니다. 빈칸에 알맞은 계산식을 써넣으세요.

$23-15=8$　　$24-16=8$

$25-17=8$　　______

④ 달력의 □ 안의 수를 이용하여 규칙적인 계산식을 만들었습니다. 빈칸에 알맞은 계산식을 써넣으세요.

$16+24=17+23$　　$17+25=18+24$

$18+26=19+25$　　______

⑤ 달력의 □ 안의 수를 이용하여 규칙적인 계산식을 만들었습니다. 빈칸에 알맞은 계산식을 써넣으세요.

$15+16+17=16\times3$　　$18+19+20=19\times3$

$22+23+24=23\times3$　　______

공부한 날짜 월 일

20일 마무리하기

90쪽

1 극장 좌석표에서 규칙을 찾아 ■에 알맞은 좌석 번호를 구해 보세요.

극장 좌석표

A4	A5	A6	A7	A8	A9
B4	B5	B6	B7	B8	B9
C4	C5	C6	C7	C8	C9
D4	D5	D6	D7	D8	D9
E4	E5	E6	E7	E8	■

( )

90쪽

2 공연장 좌석표에서 규칙을 찾아 ■에 알맞은 좌석 번호를 구해 보세요.

공연장 좌석표

마10	마11	마12	마13	마14	마15
바10	바11	바12	바13	바14	바15
사10	사11	사12	사13	사14	사15
아10	아11	■	아13	아14	아15
자10	자11	자12	자13	자14	자15

( )

92쪽

3 도형의 배열에서 규칙을 찾아 여섯째에 알맞은 도형의 수를 구해 보세요.

첫째 둘째 셋째 넷째

( )

94쪽

4 덧셈식의 규칙에 따라 다섯째 빈칸에 알맞은 덧셈식을 써넣으세요.

순서	덧셈식
첫째	$3100+480=3580$
둘째	$2900+480=3380$
셋째	$2700+480=3180$
넷째	$2500+480=2980$
다섯째	

정답 21쪽

96쪽

[5~6] 달력을 보고 물음에 답하세요.

일	월	화	수	목	금	토
					1	2
3	4	5	6	7	8	9
10	11	12	13	14	15	16
17	18	19	20	21	22	23
24	25	26	27	28	29	30

5 달력의 □ 안의 수를 이용하여 규칙적인 계산식을 만들었습니다. □ 안에 알맞은 계산식을 써넣으세요.

$18+7=25$

$19+7=26$

$20+7=27$

□

6 달력의 □ 안의 수를 이용하여 규칙적인 계산식을 만들었습니다. □ 안에 알맞은 계산식을 써넣으세요.

$17+18+19=18\times3$

$20+21+22=21\times3$

$24+25+26=25\times3$

□

94쪽

7 곱셈식의 규칙에 따라 다섯째 곱셈식의 계산 결과를 구해 보세요.

순서	곱셈식
첫째	$105\times3=315$
둘째	$1005\times3=3015$
셋째	$10005\times3=30015$

( )

8 92쪽 **도전 문제**

도형의 배열에서 규칙을 찾아 넷째에 알맞은 도형에서 노란색 도형의 수와 초록색 도형의 수의 차를 구해 보세요.

첫째 둘째 셋째

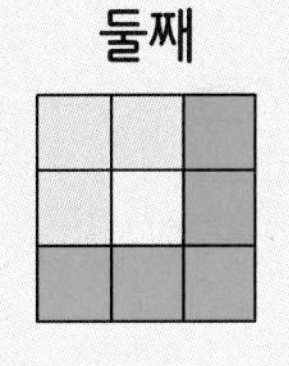

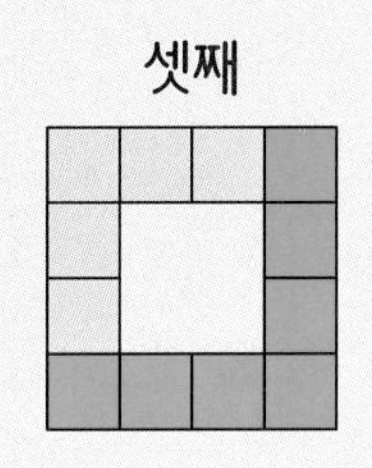

❶ 넷째에 알맞은 도형에서 노란색 도형의 수
→ ( )

❷ 넷째에 알맞은 도형에서 초록색 도형의 수
→ ( )

❸ 위 ❶과 ❷의 차
→ ( )

공부한 날짜 월 일

1회 실력 평가

1 마스크가 한 상자에 250장씩 들어 있습니다. 50상자에 들어 있는 마스크는 모두 몇 장일까요?

( )

2 시계가 7시 30분을 가리키고 있을 때 시계의 긴바늘과 짧은바늘이 이루는 작은 쪽의 각이 예각, 직각, 둔각 중 어느 것인지 써 보세요.

( )

3 수 카드를 한 번씩만 사용하여 가장 큰 여섯 자리 수를 만들어 보세요.

6 0 4 9 8 3

( )

4 다음 도형에서 ㉠의 각도를 구해 보세요.

㉠ 25°

( )

정답 22쪽

5 어떤 도형을 오른쪽으로 뒤집었을 때의 도형입니다. 처음 도형을 그려 보세요.

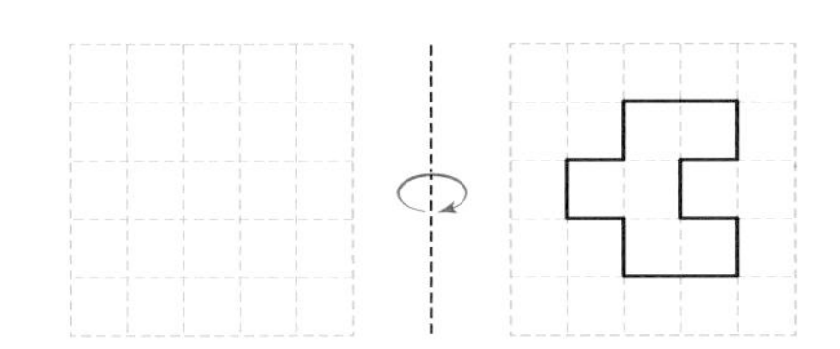

6 도형의 배열에서 규칙을 찾아 여섯째에 알맞은 도형의 수를 구해 보세요.

첫째 둘째 셋째 넷째

( )

7 세 자리 수를 시계 반대 방향으로 180°만큼 돌렸을 때의 수는 얼마일까요?

596

( )

8 한 타에 12자루씩 들어 있는 연필 9타를 사서 학생 한 명에게 18자루씩 나누어 주려고 합니다. 연필을 나누어 줄 수 있는 학생은 몇 명일까요?

( )

2회 실력 평가

1 소유는 떡 60개를 한 접시에 15개씩 나누어 담으려고 합니다. 떡을 모두 담으려면 접시는 몇 개 필요할까요?

( )

2 어느 지역의 인구수를 조사하여 나타낸 표입니다. 남자와 여자 중 더 많은 성별은 무엇일까요?

성별	인구수(명)
남자	7839504
여자	7678210

( )

3 어떤 수에 62를 곱했더니 744가 되었습니다. 어떤 수를 구해 보세요.

( )

4 다음 사각형에서 ㉠의 각도를 구해 보세요.

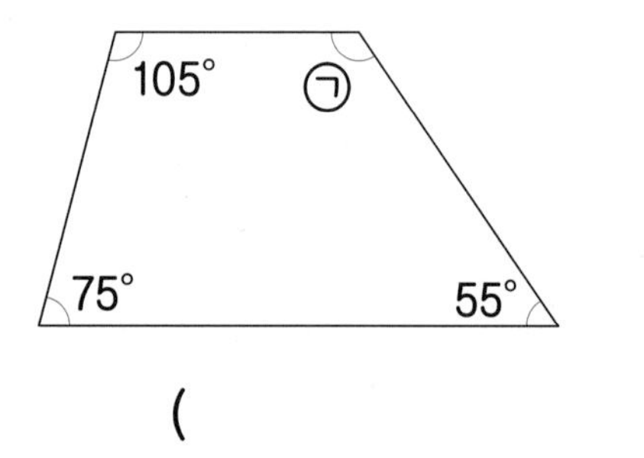

( )

정답 22쪽

[5~6] 어느 주차장에 주차된 차의 색깔을 조사하여 나타낸 막대그래프입니다. 물음에 답하세요.

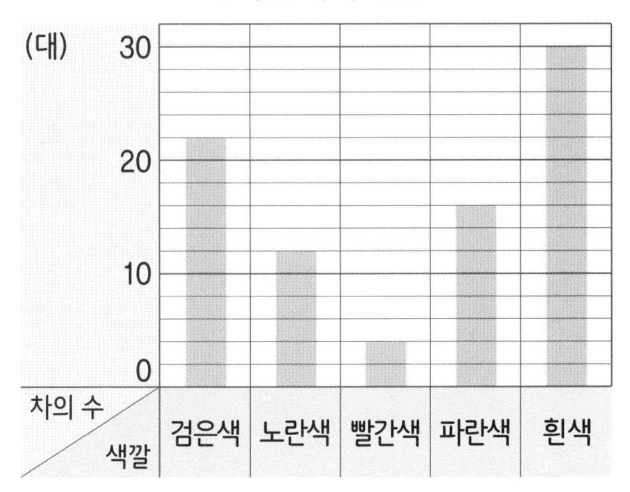

5 주차된 차 중에서 가장 많은 색깔은 무슨 색일까요?

( )

6 주차장에 주차된 차는 모두 몇 대일까요?

( )

7 덧셈식의 규칙에 따라 여섯째 덧셈식의 계산 결과를 구해 보세요.

순서	덧셈식
첫째	$8+2=10$
둘째	$88+22=110$
셋째	$888+222=1110$
넷째	$8888+2222=11110$

( )

8 수 카드 5장을 한 번씩만 사용하여 가장 큰 세 자리 수와 가장 작은 두 자리 수를 만들었습니다. 만든 두 수의 곱을 구해 보세요.

6 3 8 1 5

( )

MEMO

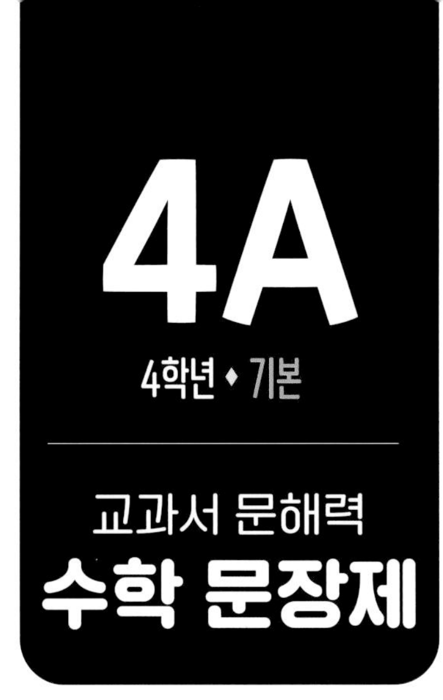

4A
4학년 • 기본
교과서 문해력
수학 문장제

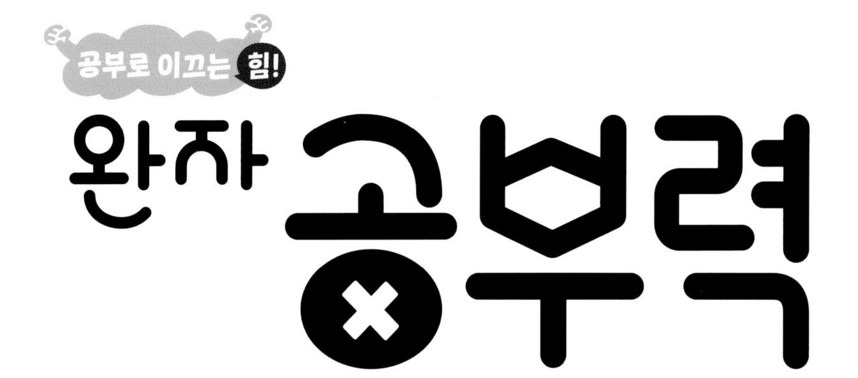

20권씩 똑같이 나누어 담으면 몇일까요?

정답과 해설

책 속의 가접 별책 (특허 제 0557442호)

'정답과 해설'은 진도책에서 쉽게 분리할 수 있도록 제작되었으므로
유통 과정에서 분리될 수 있으나 파본이 아닌 정상 제품입니다.

ABOVE IMAGINATION

우리는 남다른 상상과 혁신으로
교육 문화의 새로운 전형을 만들어
모든 이의 행복한 경험과 성장에 기여한다

완자 공부력

교과서 문해력
수학 문장제 기본 4A

< 정답과 해설 >

1 큰 수

10-11쪽

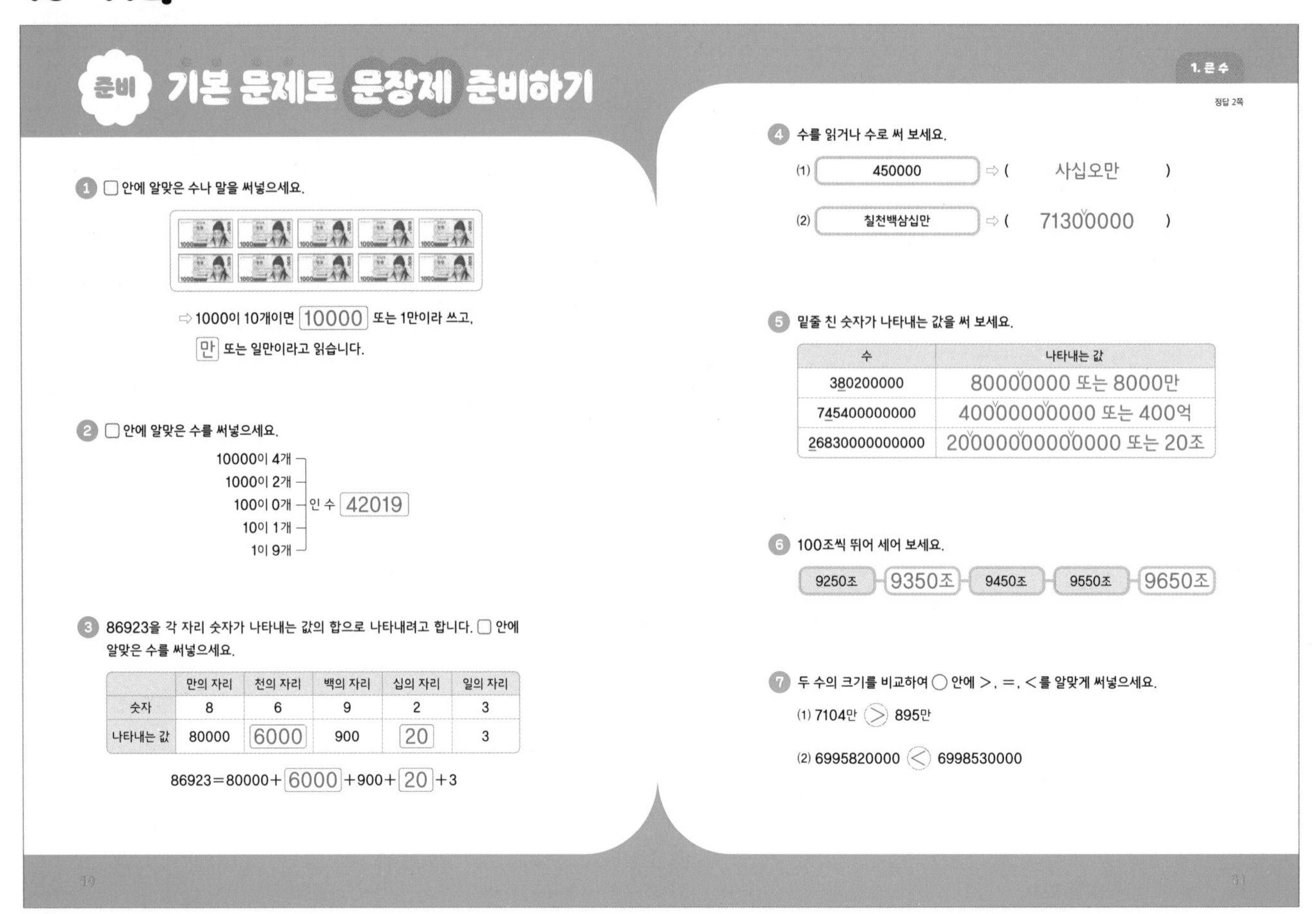

준비 기본 문제로 문장제 준비하기

1. 큰 수

정답 2쪽

1 □ 안에 알맞은 수나 말을 써넣으세요.

⇨ 1000이 10개이면 10000 또는 1만이라 쓰고,
만 또는 일만이라고 읽습니다.

2 □ 안에 알맞은 수를 써넣으세요.

10000이 4개
1000이 2개
100이 0개 — 인 수 42019
10이 1개
1이 9개

3 86923을 각 자리 숫자가 나타내는 값의 합으로 나타내려고 합니다. □ 안에 알맞은 수를 써넣으세요.

	만의 자리	천의 자리	백의 자리	십의 자리	일의 자리
숫자	8	6	9	2	3
나타내는 값	80000	6000	900	20	3

86923=80000+6000+900+20+3

4 수를 읽거나 수로 써 보세요.

(1) 450000 ⇨ (사십오만)

(2) 칠천백삼십만 ⇨ (71300000)

5 밑줄 친 숫자가 나타내는 값을 써 보세요.

수	나타내는 값
380200000	80000000 또는 8000만
745400000000	400000000000 또는 4000억
26830000000000	20000000000000 또는 20조

6 100조씩 뛰어 세어 보세요.

9250조 — 9350조 — 9450조 — 9550조 — 9650조

7 두 수의 크기를 비교하여 ○ 안에 >, =, <를 알맞게 써넣으세요.

(1) 7104만 (>) 895만

(2) 6995820000 (<) 6998530000

12~13쪽

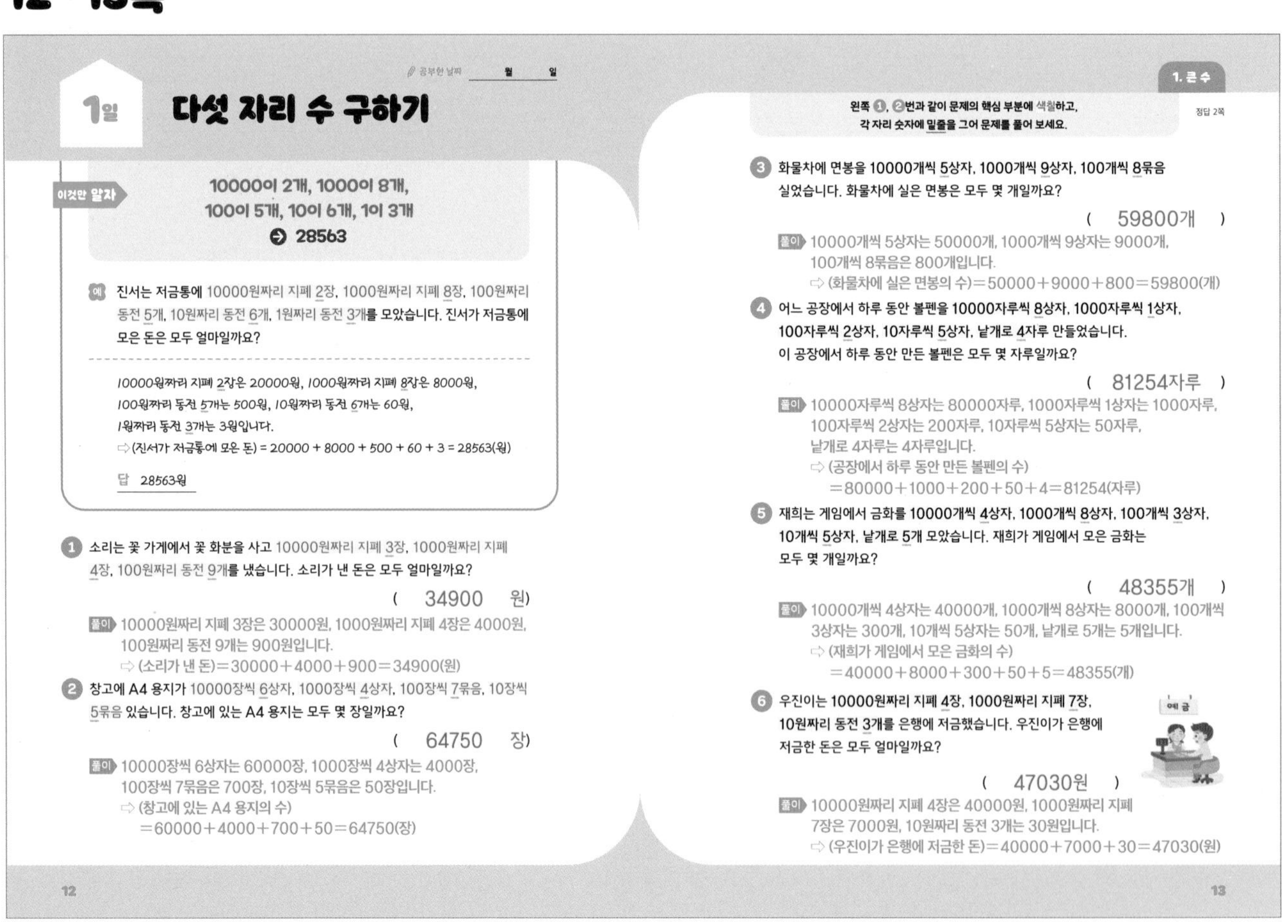

공부한 날짜 월 일

1일 다섯 자리 수 구하기

이것만 알자

10000이 2개, 1000이 8개,
100이 5개, 10이 6개, 1이 3개
➔ 28563

예 진서는 저금통에 10000원짜리 지폐 2장, 1000원짜리 지폐 8장, 100원짜리 동전 5개, 10원짜리 동전 6개, 1원짜리 동전 3개를 모았습니다. 진서가 저금통에 모은 돈은 모두 얼마일까요?

10000원짜리 지폐 2장은 20000원, 1000원짜리 지폐 8장은 8000원,
100원짜리 동전 5개는 500원, 10원짜리 동전 6개는 60원,
1원짜리 동전 3개는 3원입니다.
⇨ (진서가 저금통에 모은 돈) = 20000 + 8000 + 500 + 60 + 3 = 28563(원)

답 28563원

1 소리는 꽃 가게에서 꽃 화분을 사고 10000원짜리 지폐 3장, 1000원짜리 지폐 4장, 100원짜리 동전 9개를 냈습니다. 소리가 낸 돈은 모두 얼마일까요?

(34900 원)

풀이 10000원짜리 지폐 3장은 30000원, 1000원짜리 지폐 4장은 4000원, 100원짜리 동전 9개는 900원입니다.
⇨ (소리가 낸 돈)=30000+4000+900=34900(원)

2 창고에 A4 용지가 10000장씩 6상자, 1000장씩 4상자, 100장씩 7묶음, 10장씩 5묶음 있습니다. 창고에 있는 A4 용지는 모두 몇 장일까요?

(64750 장)

풀이 10000장씩 6상자는 60000장, 1000장씩 4상자는 4000장, 100장씩 7묶음은 700장, 10장씩 5묶음은 50장입니다.
⇨ (창고에 있는 A4 용지의 수)
=60000+4000+700+50=64750(장)

1. 큰 수

왼쪽 1, 2번과 같이 문제의 핵심 부분에 색칠하고, 각 자리 숫자에 밑줄을 그어 문제를 풀어 보세요.

정답 2쪽

3 화물차에 면봉을 10000개씩 5상자, 1000개씩 9상자, 100개씩 8묶음 실었습니다. 화물차에 실은 면봉은 모두 몇 개일까요?

(59800개)

풀이 10000개씩 5상자는 50000개, 1000개씩 9상자는 9000개, 100개씩 8묶음은 800개입니다.
⇨ (화물차에 실은 면봉의 수)=50000+9000+800=59800(개)

4 어느 공장에서 하루 동안 볼펜을 10000자루씩 8상자, 1000자루씩 1상자, 100자루씩 2상자, 10자루씩 5상자, 낱개로 4자루 만들었습니다. 이 공장에서 하루 동안 만든 볼펜은 모두 몇 자루일까요?

(81254자루)

풀이 10000자루씩 8상자는 80000자루, 1000자루씩 1상자는 1000자루, 100자루씩 2상자는 200자루, 10자루씩 5상자는 50자루, 낱개로 4자루는 4자루입니다.
⇨ (공장에서 하루 동안 만든 볼펜의 수)
=80000+1000+200+50+4=81254(자루)

5 재희는 게임에서 금화를 10000개씩 4상자, 1000개씩 8상자, 100개씩 3상자, 10개씩 5상자, 낱개로 5개 모았습니다. 재희가 게임에서 모은 금화는 모두 몇 개일까요?

(48355개)

풀이 10000개씩 4상자는 40000개, 1000개씩 8상자는 8000개, 100개씩 3상자는 300개, 10개씩 5상자는 50개, 낱개로 5개는 5개입니다.
⇨ (재희가 게임에서 모은 금화의 수)
=40000+8000+300+50+5=48355(개)

6 우진이는 10000원짜리 지폐 4장, 1000원짜리 지폐 7장, 10원짜리 동전 3개를 은행에 저금했습니다. 우진이가 은행에 저금한 돈은 모두 얼마일까요?

(47030원)

풀이 10000원짜리 지폐 4장은 40000원, 1000원짜리 지폐 7장은 7000원, 10원짜리 동전 3개는 30원입니다.
⇨ (우진이가 은행에 저금한 돈)=40000+7000+30=47030(원)

12 13

14~15쪽

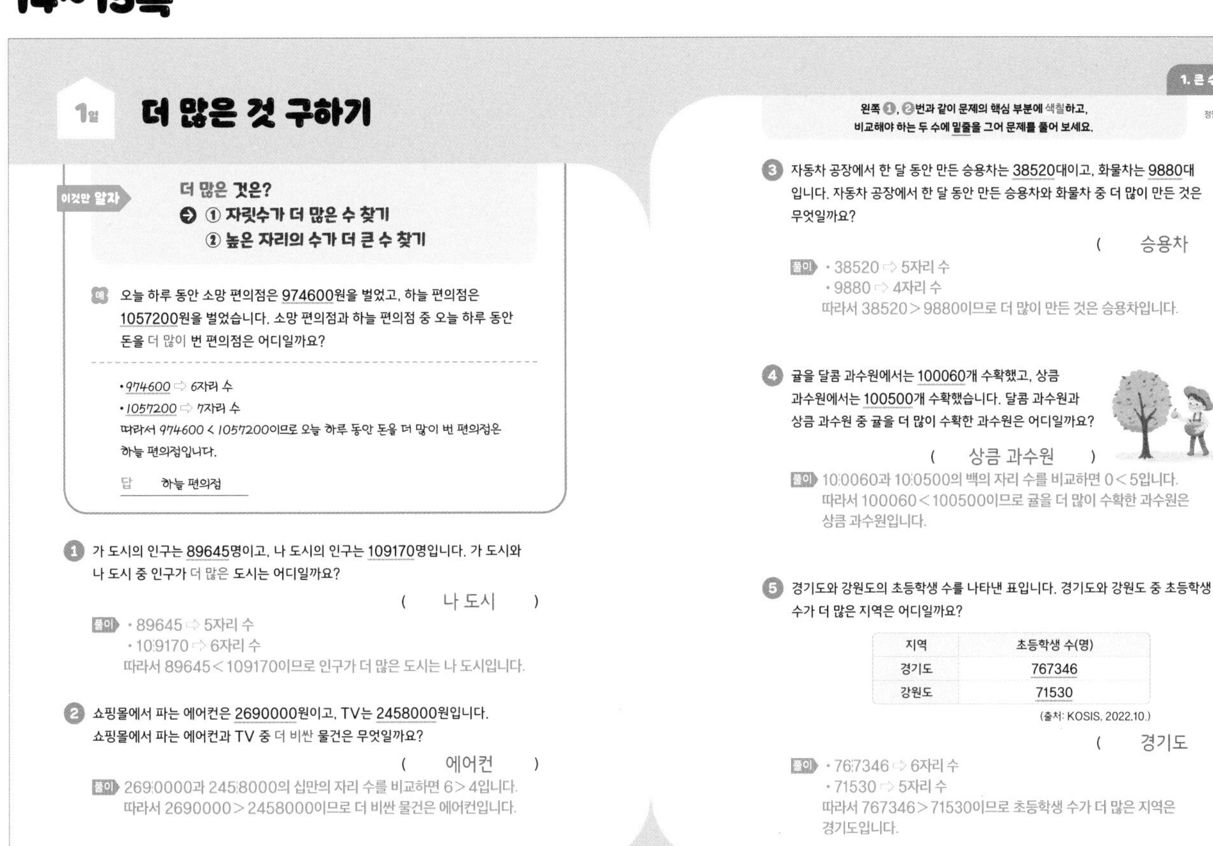

1일 **더 많은 것 구하기**

이것만 알자

더 많은 것은?
➔ ① 자릿수가 더 많은 수 찾기
② 높은 자리의 수가 더 큰 수 찾기

예 오늘 하루 동안 소망 편의점은 974600원을 벌었고, 하늘 편의점은 1057200원을 벌었습니다. 소망 편의점과 하늘 편의점 중 오늘 하루 동안 돈을 더 많이 번 편의점은 어디일까요?

- 974600 ⇨ 6자리 수
- 1057200 ⇨ 7자리 수

따라서 974600 < 1057200이므로 오늘 하루 동안 돈을 더 많이 번 편의점은 하늘 편의점입니다.

답 하늘 편의점

1 가 도시의 인구는 89645명이고, 나 도시의 인구는 109170명입니다. 가 도시와 나 도시 중 인구가 더 많은 도시는 어디일까요?

(나 도시)

풀이
- 89645 ⇨ 5자리 수
- 10|9170 ⇨ 6자리 수

따라서 89645 < 109170이므로 인구가 더 많은 도시는 나 도시입니다.

2 쇼핑몰에서 파는 에어컨은 2690000원이고, TV는 2458000원입니다. 쇼핑몰에서 파는 에어컨과 TV 중 더 비싼 물건은 무엇일까요?

(에어컨)

풀이 269|0000과 245|8000의 십만의 자리 수를 비교하면 6 > 4입니다. 따라서 2690000 > 2458000이므로 더 비싼 물건은 에어컨입니다.

1. 큰 수

왼쪽 ①, ②번과 같이 문제의 핵심 부분에 색칠하고, 비교해야 하는 두 수에 밑줄을 그어 문제를 풀어 보세요.

정답 3쪽

3 자동차 공장에서 한 달 동안 만든 승용차는 38520대이고, 화물차는 9880대입니다. 자동차 공장에서 한 달 동안 만든 승용차와 화물차 중 더 많이 만든 것은 무엇일까요?

(승용차)

풀이
- 38520 ⇨ 5자리 수
- 9880 ⇨ 4자리 수

따라서 38520 > 9880이므로 더 많이 만든 것은 승용차입니다.

4 귤을 달콤 과수원에서는 100060개 수확했고, 상큼 과수원에서는 100500개 수확했습니다. 달콤 과수원과 상큼 과수원 중 귤을 더 많이 수확한 과수원은 어디일까요?

(상큼 과수원)

풀이 10|0060과 10|0500의 백의 자리 수를 비교하면 0 < 5입니다. 따라서 100060 < 100500이므로 귤을 더 많이 수확한 과수원은 상큼 과수원입니다.

5 경기도와 강원도의 초등학생 수를 나타낸 표입니다. 경기도와 강원도 중 초등학생 수가 더 많은 지역은 어디일까요?

지역	초등학생 수(명)
경기도	767346
강원도	71530

(출처: KOSIS, 2022.10.)

(경기도)

풀이
- 76|7346 ⇨ 6자리 수
- 71530 ⇨ 5자리 수

따라서 767346 > 71530이므로 초등학생 수가 더 많은 지역은 경기도입니다.

14 15

16~17쪽

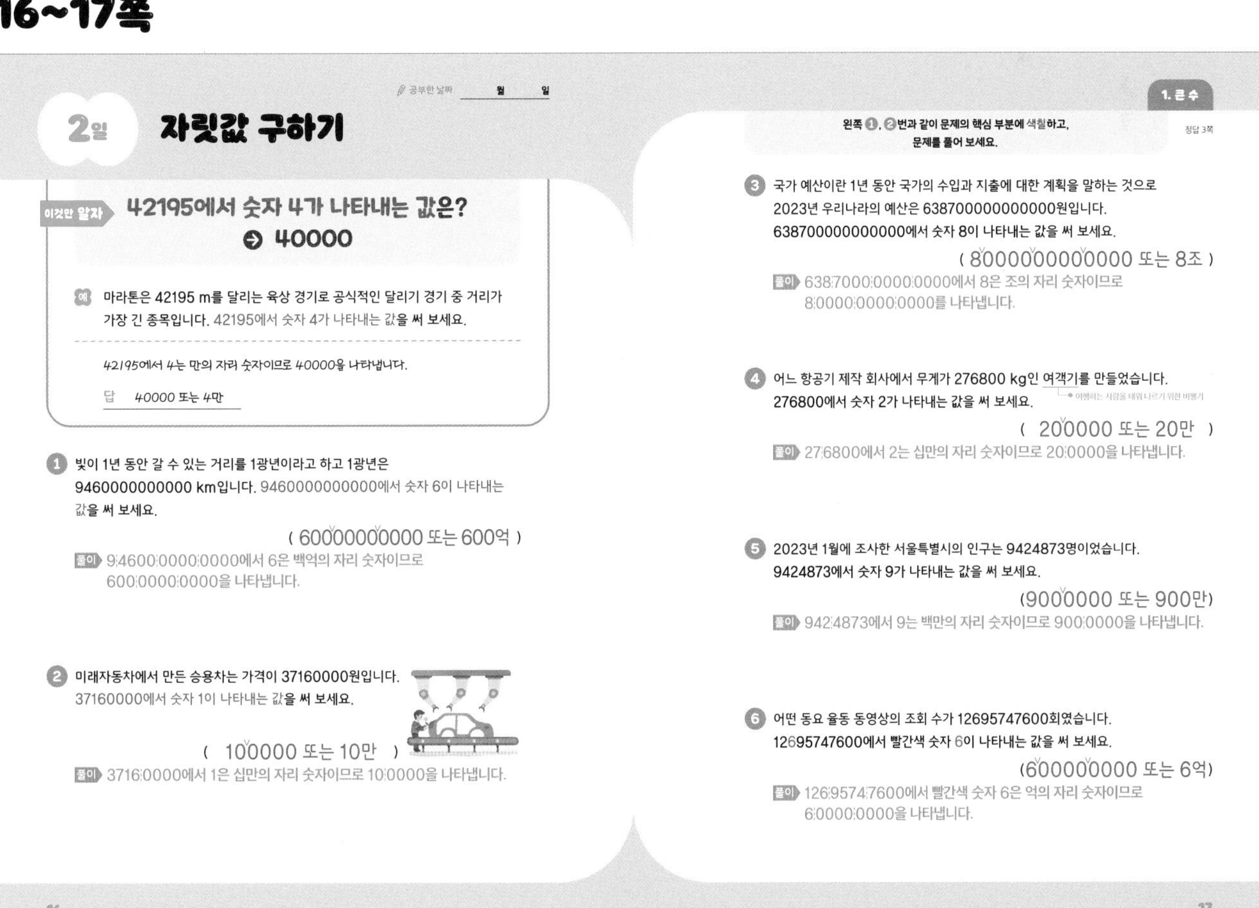

공부한 날짜 월 일

2일 **자릿값 구하기**

이것만 알자

42195에서 숫자 4가 나타내는 값은?
➔ 40000

예 마라톤은 42195 m를 달리는 육상 경기로 공식적인 달리기 경기 중 거리가 가장 긴 종목입니다. 42195에서 숫자 4가 나타내는 값을 써 보세요.

42195에서 4는 만의 자리 숫자이므로 40000을 나타냅니다.

답 40000 또는 4만

1 빛이 1년 동안 갈 수 있는 거리를 1광년이라고 하고 1광년은 9460000000000 km입니다. 9460000000000에서 숫자 6이 나타내는 값을 써 보세요.

(600000000000 또는 600억)

풀이 9|4600|0000|0000에서 6은 백억의 자리 숫자이므로 600|0000|0000을 나타냅니다.

2 미래자동차에서 만든 승용차는 가격이 37160000원입니다. 37160000에서 숫자 1이 나타내는 값을 써 보세요.

(100000 또는 10만)

풀이 3716|0000에서 1은 십만의 자리 숫자이므로 10|0000을 나타냅니다.

1. 큰 수

왼쪽 ①, ②번과 같이 문제의 핵심 부분에 색칠하고, 문제를 풀어 보세요.

정답 3쪽

3 국가 예산이란 1년 동안 국가의 수입과 지출에 대한 계획을 말하는 것으로 2023년 우리나라의 예산은 638700000000000원입니다. 638700000000000에서 숫자 8이 나타내는 값을 써 보세요.

(8000000000000 또는 8조)

풀이 638|7000|0000|0000에서 8은 조의 자리 숫자이므로 8|0000|0000|0000를 나타냅니다.

4 어느 항공기 제작 회사에서 무게가 276800 kg인 여객기를 만들었습니다. 276800에서 숫자 2가 나타내는 값을 써 보세요.

(200000 또는 20만)

풀이 27|6800에서 2는 십만의 자리 숫자이므로 20|0000을 나타냅니다.

5 2023년 1월에 조사한 서울특별시의 인구는 9424873명이었습니다. 9424873에서 숫자 9가 나타내는 값을 써 보세요.

(9000000 또는 900만)

풀이 942|4873에서 9는 백만의 자리 숫자이므로 900|0000을 나타냅니다.

6 어떤 동요 율동 동영상의 조회 수가 12695747600회였습니다. 12695747600에서 빨간색 숫자 6이 나타내는 값을 써 보세요.

(600000000 또는 6억)

풀이 126|9574|7600에서 빨간색 숫자 6은 억의 자리 숫자이므로 6|0000|0000을 나타냅니다.

16 17

1 큰 수

18~19쪽

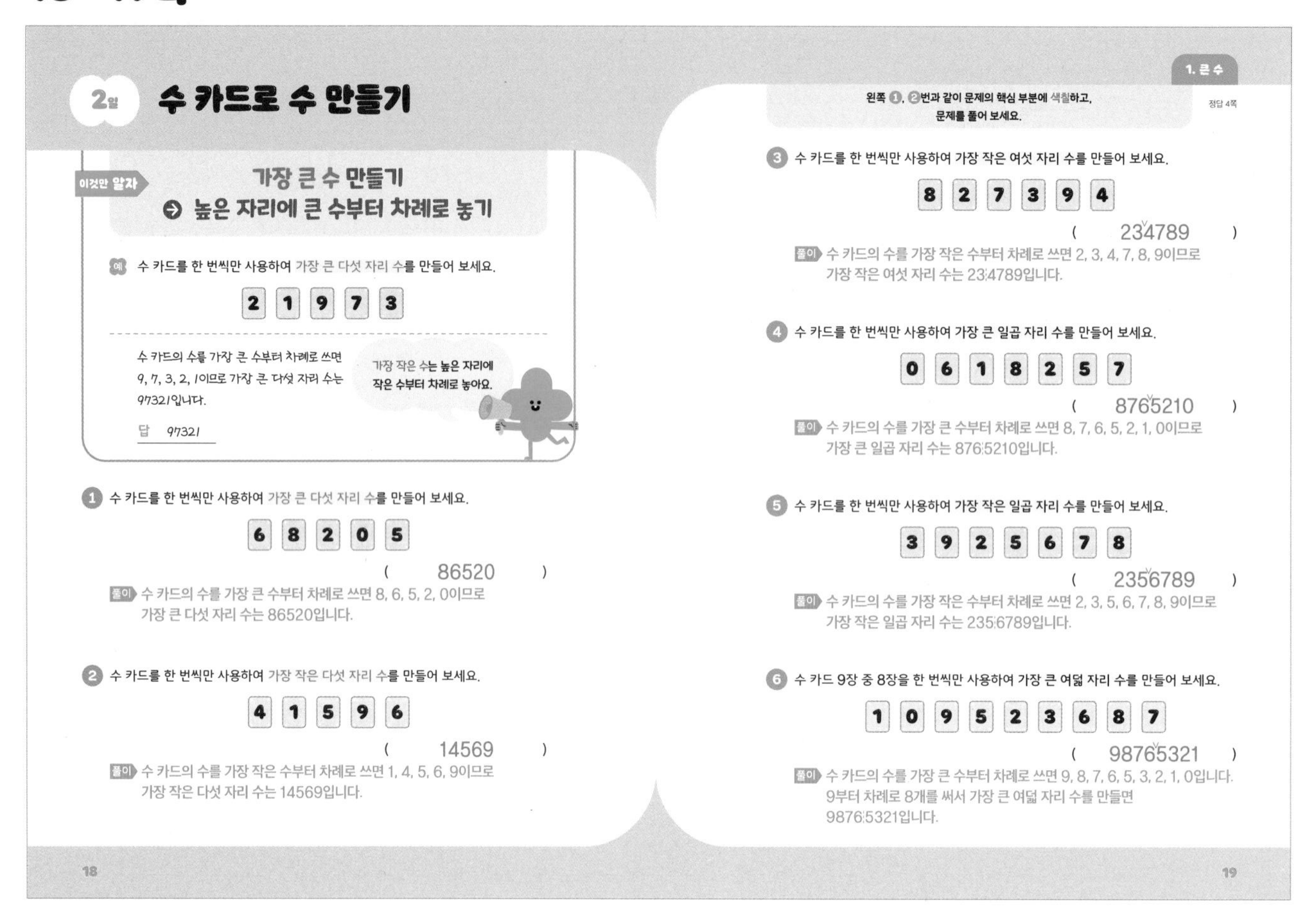

2일 수 카드로 수 만들기

1. 큰 수

이것만 알자

가장 큰 수 만들기

➔ 높은 자리에 큰 수부터 차례로 놓기

예 수 카드를 한 번씩만 사용하여 가장 큰 다섯 자리 수를 만들어 보세요.

2 1 9 7 3

수 카드의 수를 가장 큰 수부터 차례로 쓰면 9, 7, 3, 2, 1이므로 가장 큰 다섯 자리 수는 97321입니다.

답 97321

가장 작은 수는 높은 자리에 작은 수부터 차례로 놓아요.

1 수 카드를 한 번씩만 사용하여 가장 큰 다섯 자리 수를 만들어 보세요.

6 8 2 0 5

(86520)

풀이 수 카드의 수를 가장 큰 수부터 차례로 쓰면 8, 6, 5, 2, 0이므로 가장 큰 다섯 자리 수는 86520입니다.

2 수 카드를 한 번씩만 사용하여 가장 작은 다섯 자리 수를 만들어 보세요.

4 1 5 9 6

(14569)

풀이 수 카드의 수를 가장 작은 수부터 차례로 쓰면 1, 4, 5, 6, 9이므로 가장 작은 다섯 자리 수는 14569입니다.

왼쪽 ①, ②번과 같이 문제의 핵심 부분에 색칠하고, 문제를 풀어 보세요.

정답 4쪽

3 수 카드를 한 번씩만 사용하여 가장 작은 여섯 자리 수를 만들어 보세요.

8 2 7 3 9 4

(234789)

풀이 수 카드의 수를 가장 작은 수부터 차례로 쓰면 2, 3, 4, 7, 8, 9이므로 가장 작은 여섯 자리 수는 234789입니다.

4 수 카드를 한 번씩만 사용하여 가장 큰 일곱 자리 수를 만들어 보세요.

0 6 1 8 2 5 7

(8765210)

풀이 수 카드의 수를 가장 큰 수부터 차례로 쓰면 8, 7, 6, 5, 2, 1, 0이므로 가장 큰 일곱 자리 수는 8765210입니다.

5 수 카드를 한 번씩만 사용하여 가장 작은 일곱 자리 수를 만들어 보세요.

3 9 2 5 6 7 8

(2356789)

풀이 수 카드의 수를 가장 작은 수부터 차례로 쓰면 2, 3, 5, 6, 7, 8, 9이므로 가장 작은 일곱 자리 수는 2356789입니다.

6 수 카드 9장 중 8장을 한 번씩만 사용하여 가장 큰 여덟 자리 수를 만들어 보세요.

1 0 9 5 2 3 6 8 7

(98765321)

풀이 수 카드의 수를 가장 큰 수부터 차례로 쓰면 9, 8, 7, 6, 5, 3, 2, 1, 0입니다. 9부터 차례로 8개를 써서 가장 큰 여덟 자리 수를 만들면 98765321입니다.

18 19

20~21쪽

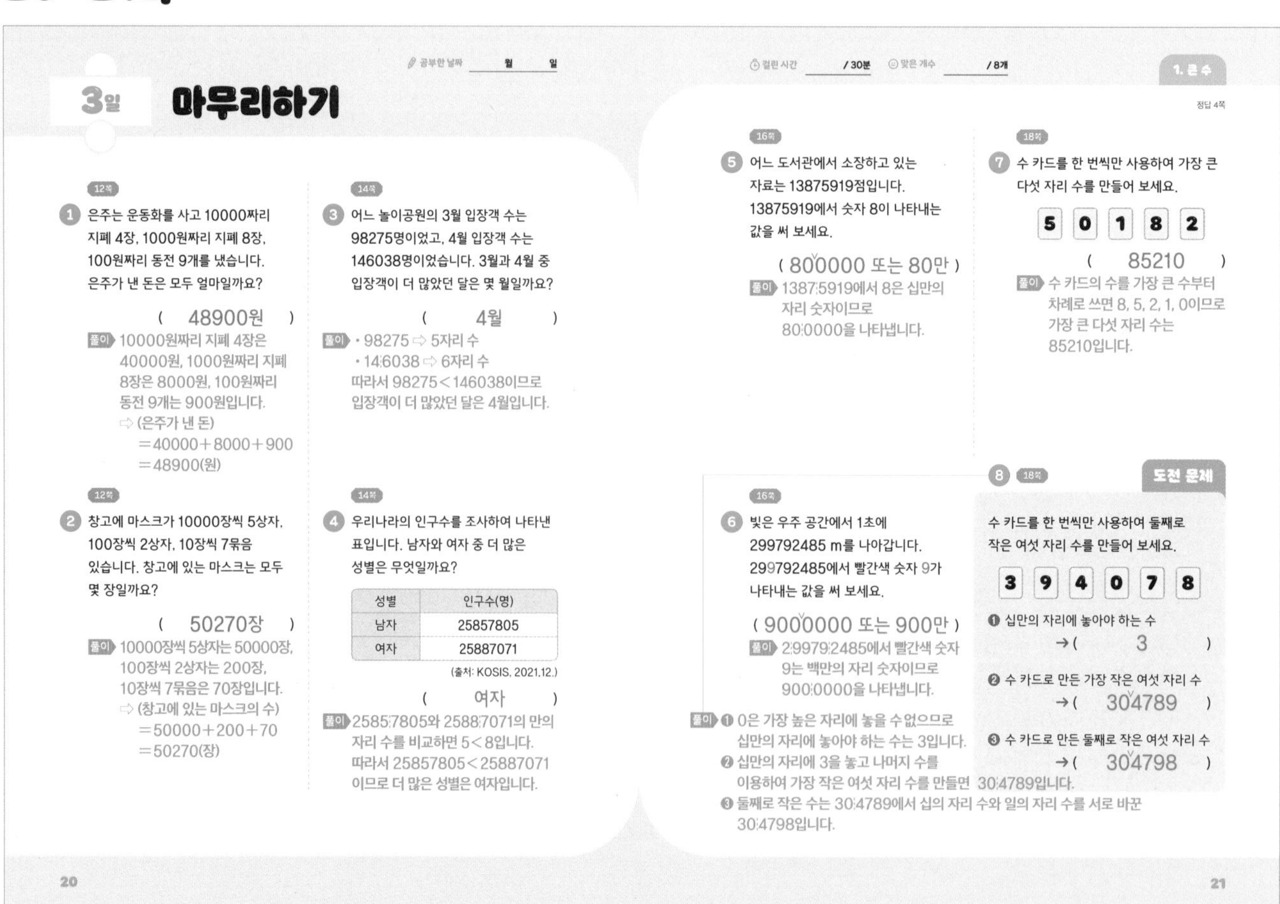

3일 마무리하기

공부한 날짜 월 일 | 걸린 시간 / 30분 | 맞은 개수 / 8개

1. 큰 수

정답 4쪽

12쪽

1 은주는 운동화를 사고 10000원짜리 지폐 4장, 1000원짜리 지폐 8장, 100원짜리 동전 9개를 냈습니다. 은주가 낸 돈은 모두 얼마일까요?

(48900원)

풀이 10000원짜리 지폐 4장은 40000원, 1000원짜리 지폐 8장은 8000원, 100원짜리 동전 9개는 900원입니다.
⇨ (은주가 낸 돈)
=40000+8000+900
=48900(원)

12쪽

2 창고에 마스크가 10000장씩 5상자, 100장씩 2상자, 10장씩 7묶음 있습니다. 창고에 있는 마스크는 모두 몇 장일까요?

(50270장)

풀이 10000장씩 5상자는 50000장, 100장씩 2상자는 200장, 10장씩 7묶음은 70장입니다.
⇨ (창고에 있는 마스크의 수)
=50000+200+70
=50270(장)

14쪽

3 어느 놀이공원의 3월 입장객 수는 98275명이었고, 4월 입장객 수는 146038명이었습니다. 3월과 4월 중 입장객이 더 많았던 달은 몇 월일까요?

(4월)

풀이 • 98275 ⇨ 5자리 수
• 146038 ⇨ 6자리 수
따라서 98275 < 146038이므로 입장객이 더 많았던 달은 4월입니다.

14쪽

4 우리나라의 인구수를 조사하여 나타낸 표입니다. 남자와 여자 중 더 많은 성별은 무엇일까요?

성별	인구수(명)
남자	25857805
여자	25887071

(출처: KOSIS, 2021.12.)

(여자)

풀이 25857805와 25887071의 만의 자리 수를 비교하면 5 < 8입니다. 따라서 25857805 < 25887071이므로 더 많은 성별은 여자입니다.

16쪽

5 어느 도서관에서 소장하고 있는 자료는 13875919점입니다. 13875919에서 숫자 8이 나타내는 값을 써 보세요.

(800000 또는 80만)

풀이 13875919에서 8은 십만의 자리 숫자이므로 800000을 나타냅니다.

16쪽

6 빛은 우주 공간에서 1초에 299792485 m를 나아갑니다. 299792485에서 빨간색 숫자 9가 나타내는 값을 써 보세요.

(9000000 또는 900만)

풀이 299792485에서 빨간색 숫자 9는 백만의 자리 숫자이므로 9000000을 나타냅니다.

18쪽

7 수 카드를 한 번씩만 사용하여 가장 큰 다섯 자리 수를 만들어 보세요.

5 0 1 8 2

(85210)

풀이 수 카드의 수를 가장 큰 수부터 차례로 쓰면 8, 5, 2, 1, 0이므로 가장 큰 다섯 자리 수는 85210입니다.

8 18쪽 도전 문제

수 카드를 한 번씩만 사용하여 둘째로 작은 여섯 자리 수를 만들어 보세요.

3 9 4 0 7 8

❶ 십만의 자리에 놓아야 하는 수
→ (3)

❷ 수 카드로 만든 가장 작은 여섯 자리 수
→ (304789)

❸ 수 카드로 만든 둘째로 작은 여섯 자리 수
→ (304798)

풀이 ❶ 0은 가장 높은 자리에 놓을 수 없으므로 십만의 자리에 놓아야 하는 수는 3입니다.
❷ 십만의 자리에 3을 놓고 나머지 수를 이용하여 가장 작은 여섯 자리 수를 만들면 304789입니다.
❸ 둘째로 작은 수는 304789에서 십의 자리 수와 일의 자리 수를 서로 바꾼 304798입니다.

20 21

2 각도

24~25쪽

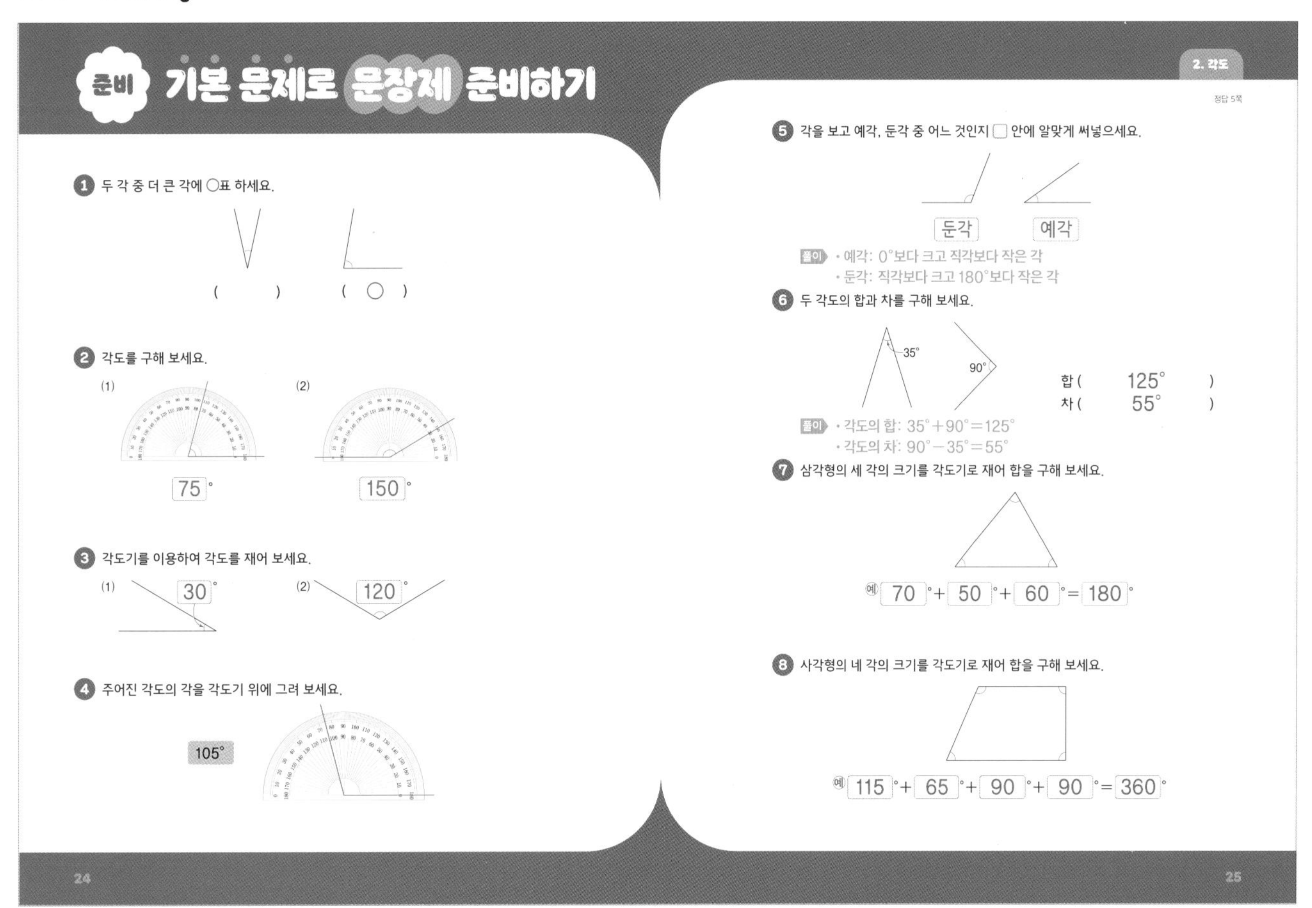

준비 기본 문제로 문장제 준비하기

2. 각도

정답 5쪽

1 두 각 중 더 큰 각에 ○표 하세요.

(   ) (○)

2 각도를 구해 보세요.

(1) 75°

(2) 150°

3 각도기를 이용하여 각도를 재어 보세요.

(1) 30°

(2) 120°

4 주어진 각도의 각을 각도기 위에 그려 보세요.

105°

5 각을 보고 예각, 둔각 중 어느 것인지 □ 안에 알맞게 써넣으세요.

둔각 예각

풀이 • 예각: 0°보다 크고 직각보다 작은 각
• 둔각: 직각보다 크고 180°보다 작은 각

6 두 각도의 합과 차를 구해 보세요.

35° 90°

합 (125°)
차 (55°)

풀이 • 각도의 합: 35°+90°=125°
• 각도의 차: 90°−35°=55°

7 삼각형의 세 각의 크기를 각도기로 재어 합을 구해 보세요.

예 70°+50°+60°=180°

8 사각형의 네 각의 크기를 각도기로 재어 합을 구해 보세요.

예 115°+65°+90°+90°=360°

24 25

26~27쪽

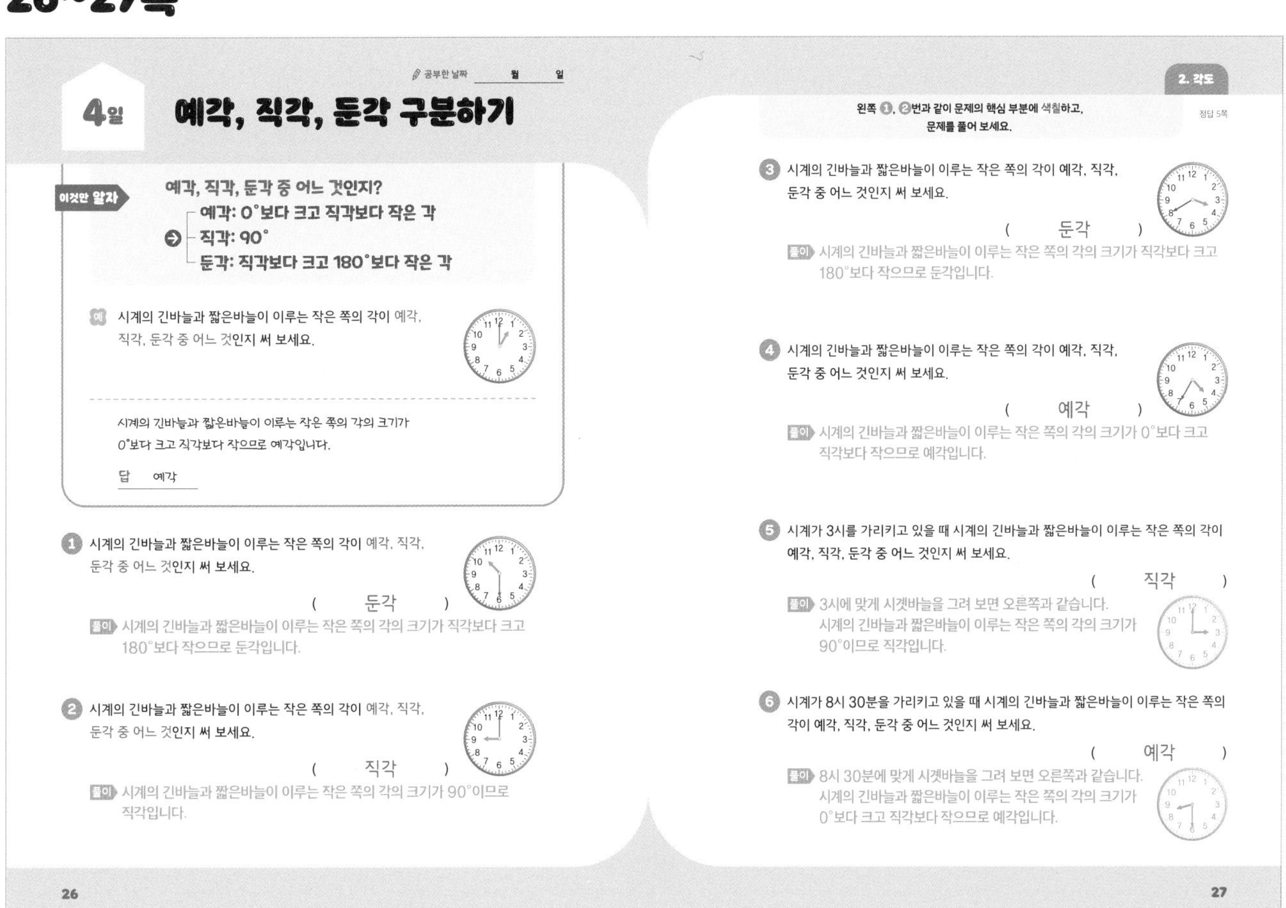

4일 예각, 직각, 둔각 구분하기

공부한 날짜 월 일

2. 각도

정답 5쪽

이것만 알자

예각, 직각, 둔각 중 어느 것인지?
➔ 예각: 0°보다 크고 직각보다 작은 각
직각: 90°
둔각: 직각보다 크고 180°보다 작은 각

예 시계의 긴바늘과 짧은바늘이 이루는 작은 쪽의 각이 예각, 직각, 둔각 중 어느 것인지 써 보세요.

시계의 긴바늘과 짧은바늘이 이루는 작은 쪽의 각의 크기가 0°보다 크고 직각보다 작으므로 예각입니다.

답 예각

1 시계의 긴바늘과 짧은바늘이 이루는 작은 쪽의 각이 예각, 직각, 둔각 중 어느 것인지 써 보세요.

(둔각)

풀이 시계의 긴바늘과 짧은바늘이 이루는 작은 쪽의 각의 크기가 직각보다 크고 180°보다 작으므로 둔각입니다.

2 시계의 긴바늘과 짧은바늘이 이루는 작은 쪽의 각이 예각, 직각, 둔각 중 어느 것인지 써 보세요.

(직각)

풀이 시계의 긴바늘과 짧은바늘이 이루는 작은 쪽의 각의 크기가 90°이므로 직각입니다.

왼쪽 1, 2번과 같이 문제의 핵심 부분에 색칠하고, 문제를 풀어 보세요.

3 시계의 긴바늘과 짧은바늘이 이루는 작은 쪽의 각이 예각, 직각, 둔각 중 어느 것인지 써 보세요.

(둔각)

풀이 시계의 긴바늘과 짧은바늘이 이루는 작은 쪽의 각의 크기가 직각보다 크고 180°보다 작으므로 둔각입니다.

4 시계의 긴바늘과 짧은바늘이 이루는 작은 쪽의 각이 예각, 직각, 둔각 중 어느 것인지 써 보세요.

(예각)

풀이 시계의 긴바늘과 짧은바늘이 이루는 작은 쪽의 각의 크기가 0°보다 크고 직각보다 작으므로 예각입니다.

5 시계가 3시를 가리키고 있을 때 시계의 긴바늘과 짧은바늘이 이루는 작은 쪽의 각이 예각, 직각, 둔각 중 어느 것인지 써 보세요.

(직각)

풀이 3시에 맞게 시곗바늘을 그려 보면 오른쪽과 같습니다. 시계의 긴바늘과 짧은바늘이 이루는 작은 쪽의 각의 크기가 90°이므로 직각입니다.

6 시계가 8시 30분을 가리키고 있을 때 시계의 긴바늘과 짧은바늘이 이루는 작은 쪽의 각이 예각, 직각, 둔각 중 어느 것인지 써 보세요.

(예각)

풀이 8시 30분에 맞게 시곗바늘을 그려 보면 오른쪽과 같습니다. 시계의 긴바늘과 짧은바늘이 이루는 작은 쪽의 각의 크기가 0°보다 크고 직각보다 작으므로 예각입니다.

26 27

2 각도

28~29쪽

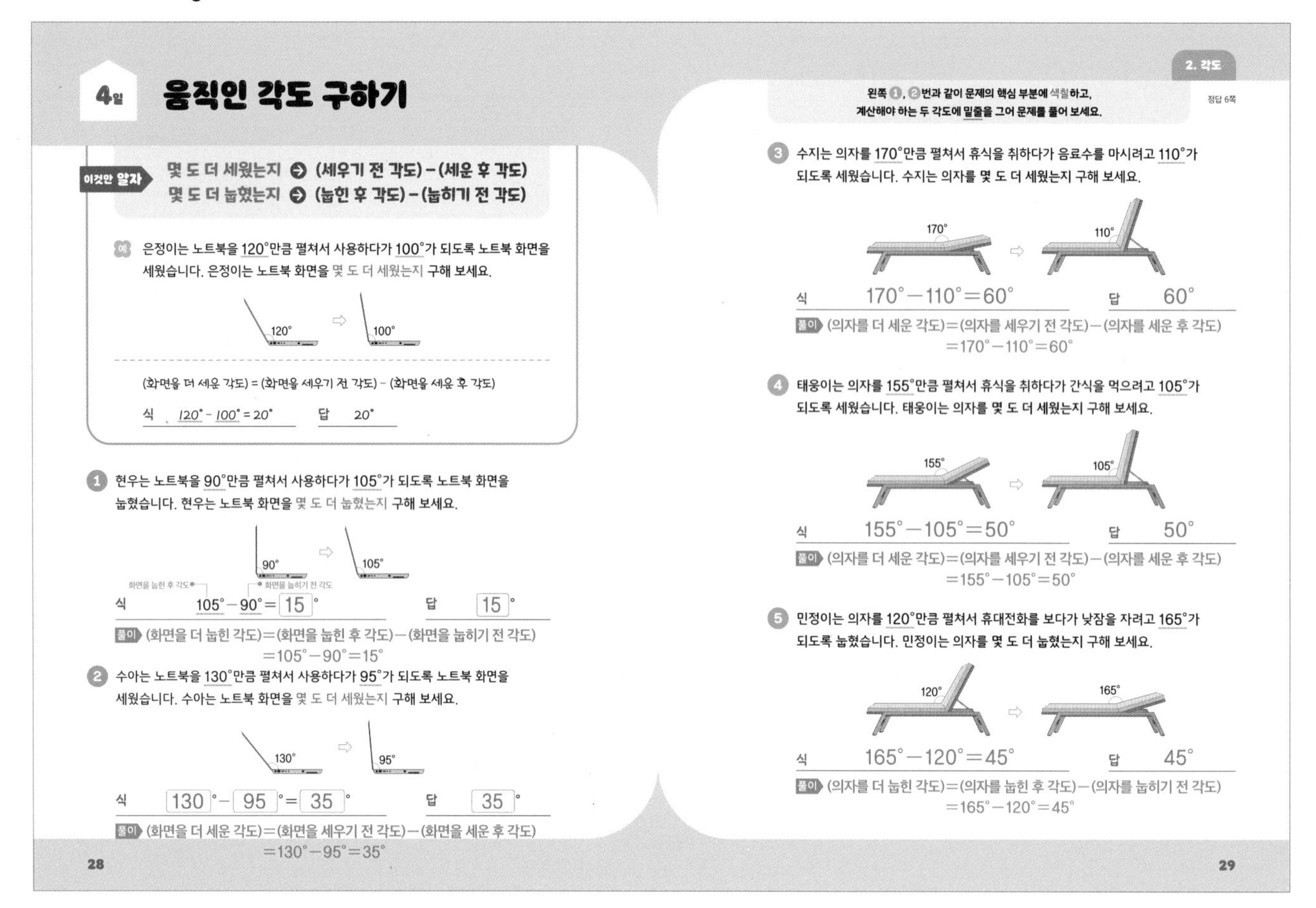

4일 **움직인 각도 구하기**

이것만 알자 몇 도 더 세웠는지 ➔ (세우기 전 각도) − (세운 후 각도)
몇 도 더 눕혔는지 ➔ (눕힌 후 각도) − (눕히기 전 각도)

예 은정이는 노트북을 120°만큼 펼쳐서 사용하다가 100°가 되도록 노트북 화면을 세웠습니다. 은정이는 노트북 화면을 몇 도 더 세웠는지 구해 보세요.

120° ⇨ 100°

(화면을 더 세운 각도) = (화면을 세우기 전 각도) − (화면을 세운 후 각도)

식 120° − 100° = 20° 답 20°

1 현우는 노트북을 90°만큼 펼쳐서 사용하다가 105°가 되도록 노트북 화면을 눕혔습니다. 현우는 노트북 화면을 몇 도 더 눕혔는지 구해 보세요.

90° ⇨ 105°

화면을 눕힌 후 각도 / 화면을 눕히기 전 각도

식 105° − 90° = 15° 답 15°

풀이 (화면을 더 눕힌 각도)=(화면을 눕힌 후 각도)−(화면을 눕히기 전 각도) =105°−90°=15°

2 수아는 노트북을 130°만큼 펼쳐서 사용하다가 95°가 되도록 노트북 화면을 세웠습니다. 수아는 노트북 화면을 몇 도 더 세웠는지 구해 보세요.

130° ⇨ 95°

식 130° − 95° = 35° 답 35°

풀이 (화면을 더 세운 각도)=(화면을 세우기 전 각도)−(화면을 세운 후 각도) =130°−95°=35°

2. 각도

왼쪽 1, 2번과 같이 문제의 핵심 부분에 색칠하고, 계산해야 하는 두 각도에 밑줄을 그어 문제를 풀어 보세요.

정답 6쪽

3 수지는 의자를 170°만큼 펼쳐서 휴식을 취하다가 음료수를 마시려고 110°가 되도록 세웠습니다. 수지는 의자를 몇 도 더 세웠는지 구해 보세요.

170° ⇨ 110°

식 170°−110°=60° 답 60°

풀이 (의자를 더 세운 각도)=(의자를 세우기 전 각도)−(의자를 세운 후 각도) =170°−110°=60°

4 태웅이는 의자를 155°만큼 펼쳐서 휴식을 취하다가 간식을 먹으려고 105°가 되도록 세웠습니다. 태웅이는 의자를 몇 도 더 세웠는지 구해 보세요.

155° ⇨ 105°

식 155°−105°=50° 답 50°

풀이 (의자를 더 세운 각도)=(의자를 세우기 전 각도)−(의자를 세운 후 각도) =155°−105°=50°

5 민정이는 의자를 120°만큼 펼쳐서 휴대전화를 보다가 낮잠을 자려고 165°가 되도록 눕혔습니다. 민정이는 의자를 몇 도 더 눕혔는지 구해 보세요.

120° ⇨ 165°

식 165°−120°=45° 답 45°

풀이 (의자를 더 눕힌 각도)=(의자를 눕힌 후 각도)−(의자를 눕히기 전 각도) =165°−120°=45°

28 29

30~31쪽

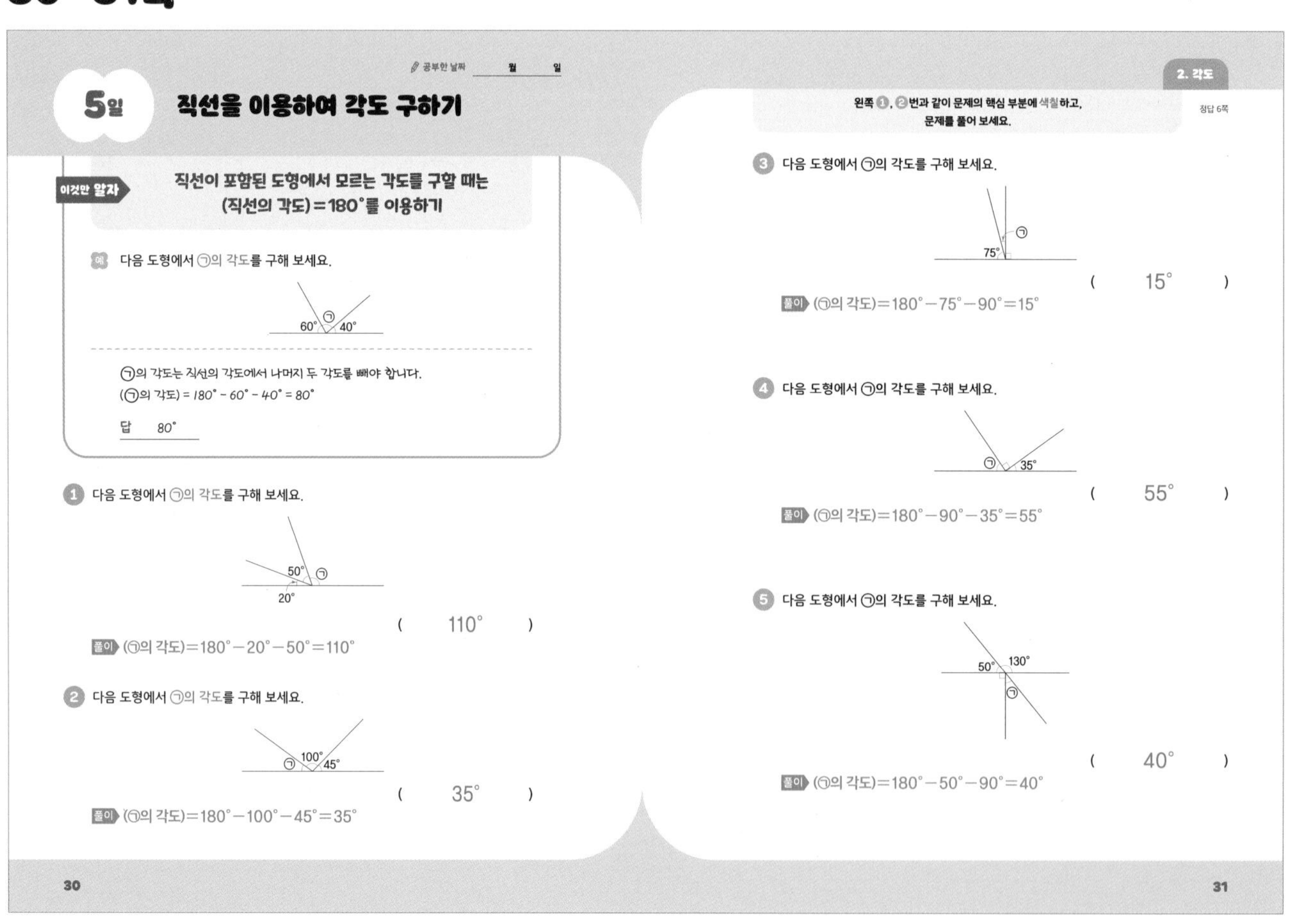

공부한 날짜 월 일

5일 **직선을 이용하여 각도 구하기**

이것만 알자 직선이 포함된 도형에서 모르는 각도를 구할 때는 (직선의 각도)=180°를 이용하기

예 다음 도형에서 ㉠의 각도를 구해 보세요.

60° ㉠ 40°

㉠의 각도는 직선의 각도에서 나머지 두 각도를 빼야 합니다.
(㉠의 각도) = 180° − 60° − 40° = 80°

답 80°

1 다음 도형에서 ㉠의 각도를 구해 보세요.

50° ㉠ 20°

(110°)

풀이 (㉠의 각도)=180°−20°−50°=110°

2 다음 도형에서 ㉠의 각도를 구해 보세요.

㉠ 100° 45°

(35°)

풀이 (㉠의 각도)=180°−100°−45°=35°

2. 각도

왼쪽 1, 2번과 같이 문제의 핵심 부분에 색칠하고, 문제를 풀어 보세요.

정답 6쪽

3 다음 도형에서 ㉠의 각도를 구해 보세요.

75° ㉠

(15°)

풀이 (㉠의 각도)=180°−75°−90°=15°

4 다음 도형에서 ㉠의 각도를 구해 보세요.

㉠ 35°

(55°)

풀이 (㉠의 각도)=180°−90°−35°=55°

5 다음 도형에서 ㉠의 각도를 구해 보세요.

50° 130° ㉠

(40°)

풀이 (㉠의 각도)=180°−50°−90°=40°

30 31

32~33쪽

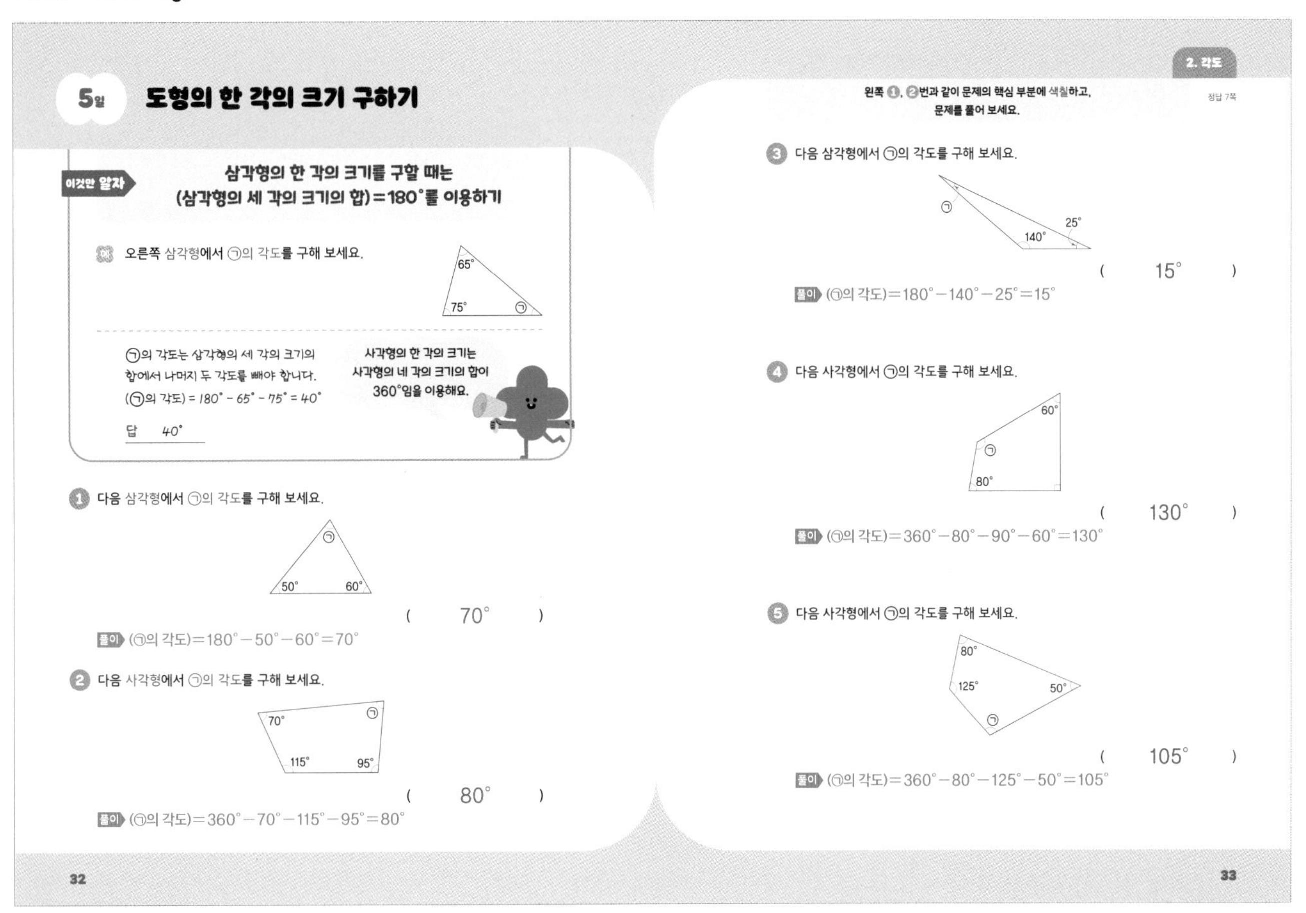
5일 도형의 한 각의 크기 구하기

이것만 알자 삼각형의 한 각의 크기를 구할 때는 (삼각형의 세 각의 크기의 합)=180°를 이용하기

예 오른쪽 삼각형에서 ㉠의 각도를 구해 보세요.

㉠의 각도는 삼각형의 세 각의 크기의 합에서 나머지 두 각도를 빼야 합니다.
(㉠의 각도) = 180° - 65° - 75° = 40°
답 40°

사각형의 한 각의 크기는 사각형의 네 각의 크기의 합이 360°임을 이용해요.

1 다음 삼각형에서 ㉠의 각도를 구해 보세요.
(70°)
풀이 (㉠의 각도)=180°−50°−60°=70°

2 다음 사각형에서 ㉠의 각도를 구해 보세요.
(80°)
풀이 (㉠의 각도)=360°−70°−115°−95°=80°

2. 각도
정답 7쪽
왼쪽 1, 2번과 같이 문제의 핵심 부분에 색칠하고, 문제를 풀어 보세요.

3 다음 삼각형에서 ㉠의 각도를 구해 보세요.
(15°)
풀이 (㉠의 각도)=180°−140°−25°=15°

4 다음 사각형에서 ㉠의 각도를 구해 보세요.
(130°)
풀이 (㉠의 각도)=360°−80°−90°−60°=130°

5 다음 사각형에서 ㉠의 각도를 구해 보세요.
(105°)
풀이 (㉠의 각도)=360°−80°−125°−50°=105°

32 33

34~35쪽

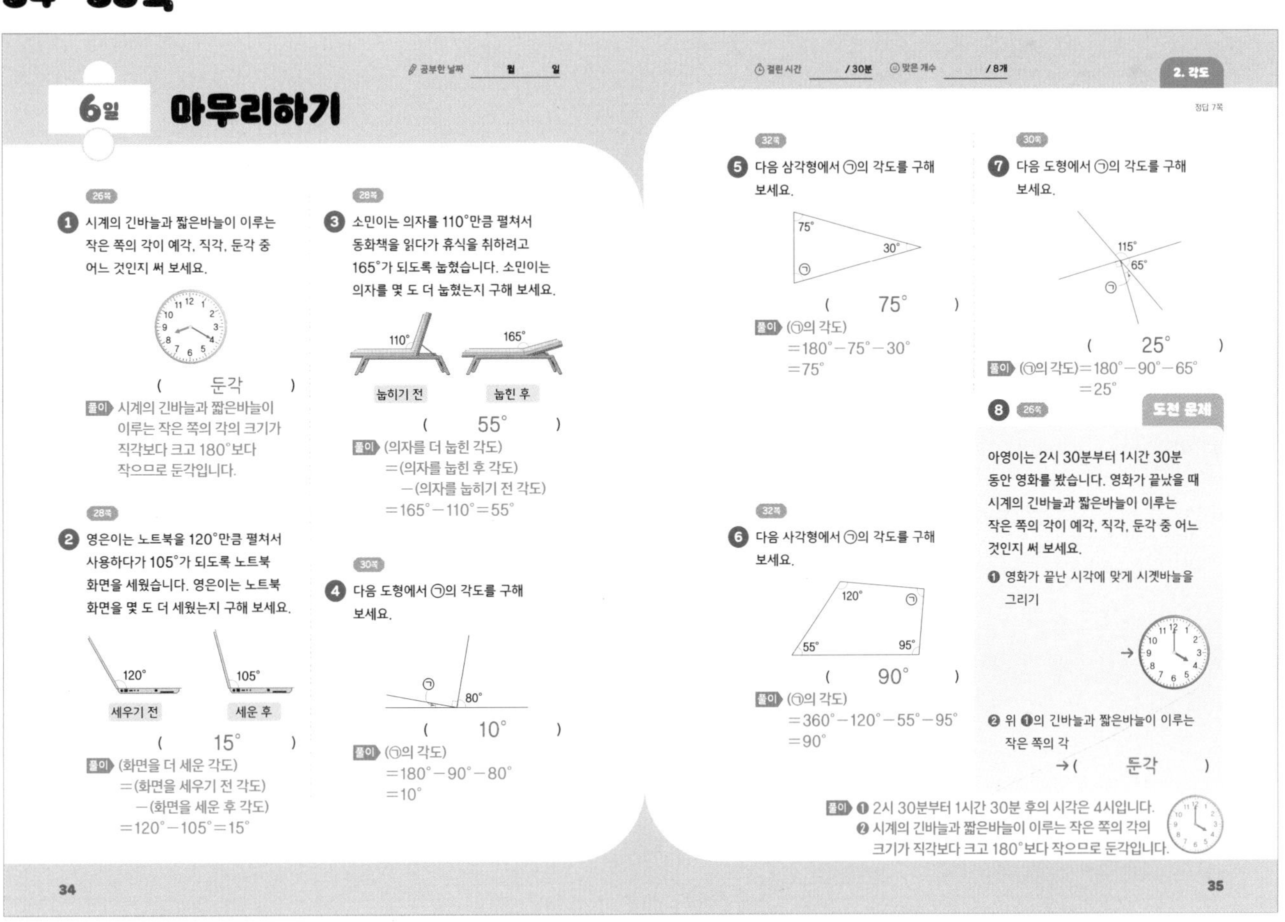
6일 마무리하기

공부한 날짜 월 일 걸린 시간 /30분 맞은 개수 /8개

26쪽
1 시계의 긴바늘과 짧은바늘이 이루는 작은 쪽의 각이 예각, 직각, 둔각 중 어느 것인지 써 보세요.
(둔각)
풀이 시계의 긴바늘과 짧은바늘이 이루는 작은 쪽의 각의 크기가 직각보다 크고 180°보다 작으므로 둔각입니다.

28쪽
2 영은이는 노트북을 120°만큼 펼쳐서 사용하다가 105°가 되도록 노트북 화면을 세웠습니다. 영은이는 노트북 화면을 몇 도 더 세웠는지 구해 보세요.
세우기 전 세운 후
(15°)
풀이 (화면을 더 세운 각도)
=(화면을 세우기 전 각도)
−(화면을 세운 후 각도)
=120°−105°=15°

28쪽
3 소민이는 의자를 110°만큼 펼쳐서 동화책을 읽다가 휴식을 취하려고 165°가 되도록 눕혔습니다. 소민이는 의자를 몇 도 더 눕혔는지 구해 보세요.
눕히기 전 눕힌 후
(55°)
풀이 (의자를 더 눕힌 각도)
=(의자를 눕힌 후 각도)
−(의자를 눕히기 전 각도)
=165°−110°=55°

30쪽
4 다음 도형에서 ㉠의 각도를 구해 보세요.
(10°)
풀이 (㉠의 각도)
=180°−90°−80°
=10°

2. 각도
정답 7쪽

32쪽
5 다음 삼각형에서 ㉠의 각도를 구해 보세요.
(75°)
풀이 (㉠의 각도)
=180°−75°−30°
=75°

32쪽
6 다음 사각형에서 ㉠의 각도를 구해 보세요.
(90°)
풀이 (㉠의 각도)
=360°−120°−55°−95°
=90°

30쪽
7 다음 도형에서 ㉠의 각도를 구해 보세요.
(25°)
풀이 (㉠의 각도)=180°−90°−65°
=25°

8 26쪽 도전 문제
아영이는 2시 30분부터 1시간 30분 동안 영화를 봤습니다. 영화가 끝났을 때 시계의 긴바늘과 짧은바늘이 이루는 작은 쪽의 각이 예각, 직각, 둔각 중 어느 것인지 써 보세요.
1 영화가 끝난 시각에 맞게 시곗바늘을 그리기
2 위 1의 긴바늘과 짧은바늘이 이루는 작은 쪽의 각
→(둔각)
풀이 1 2시 30분부터 1시간 30분 후의 시각은 4시입니다.
2 시계의 긴바늘과 짧은바늘이 이루는 작은 쪽의 각의 크기가 직각보다 크고 180°보다 작으므로 둔각입니다.

34 35

3 곱셈과 나눗셈

38~39쪽

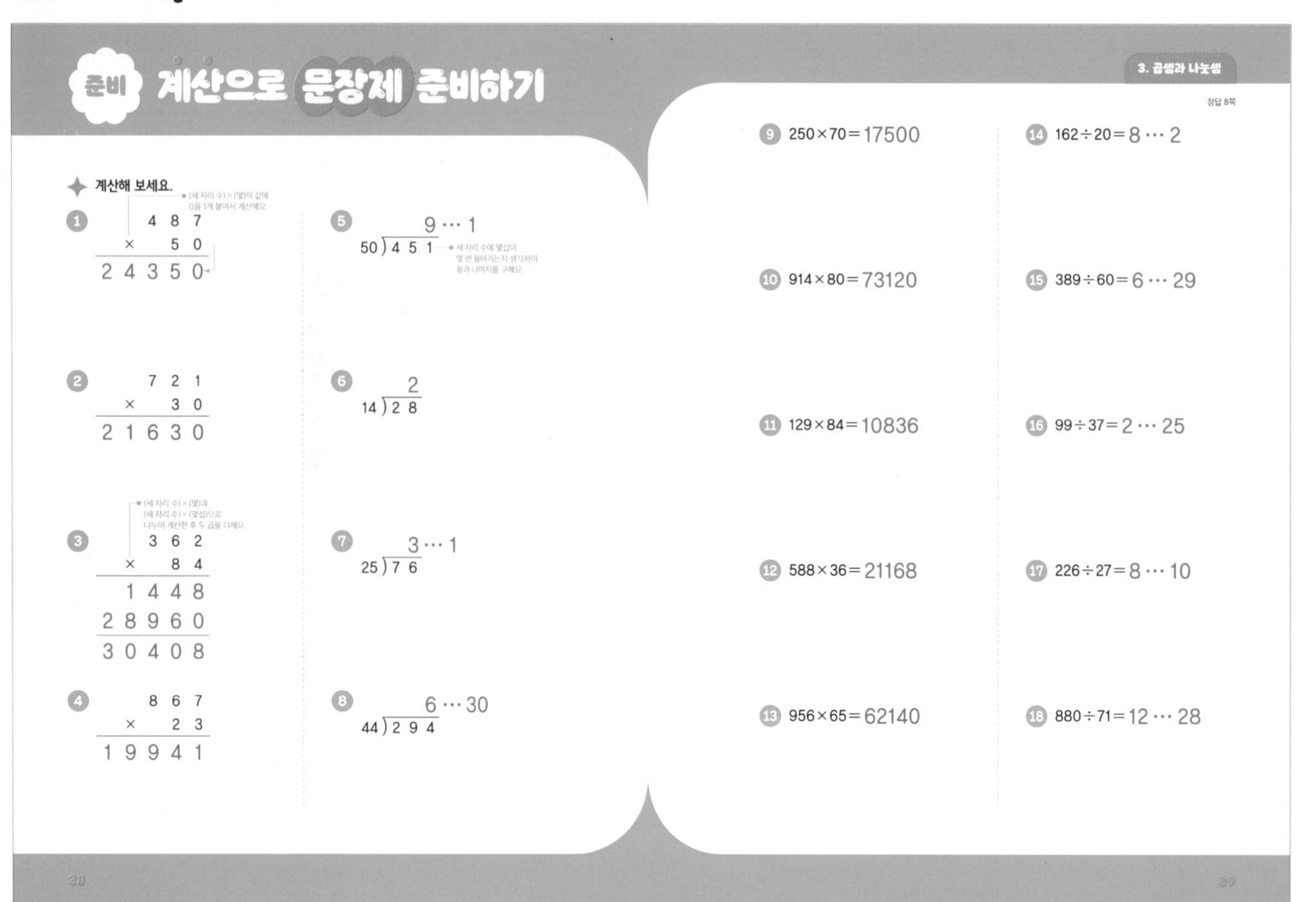

준비 계산으로 문장제 준비하기

3. 곱셈과 나눗셈

정답 8쪽

계산해 보세요.

① $487 \times 50 = 24350$

② $721 \times 30 = 21630$

③ 362×84: 1448, 28960, 30408

④ $867 \times 23 = 19941$

⑤ $451 \div 50 = 9 \cdots 1$

⑥ $28 \div 14 = 2$

⑦ $76 \div 25 = 3 \cdots 1$

⑧ $294 \div 44 = 6 \cdots 30$

⑨ $250 \times 70 = 17500$

⑩ $914 \times 80 = 73120$

⑪ $129 \times 84 = 10836$

⑫ $588 \times 36 = 21168$

⑬ $956 \times 65 = 62140$

⑭ $162 \div 20 = 8 \cdots 2$

⑮ $389 \div 60 = 6 \cdots 29$

⑯ $99 \div 37 = 2 \cdots 25$

⑰ $226 \div 27 = 8 \cdots 10$

⑱ $880 \div 71 = 12 \cdots 28$

40~41쪽

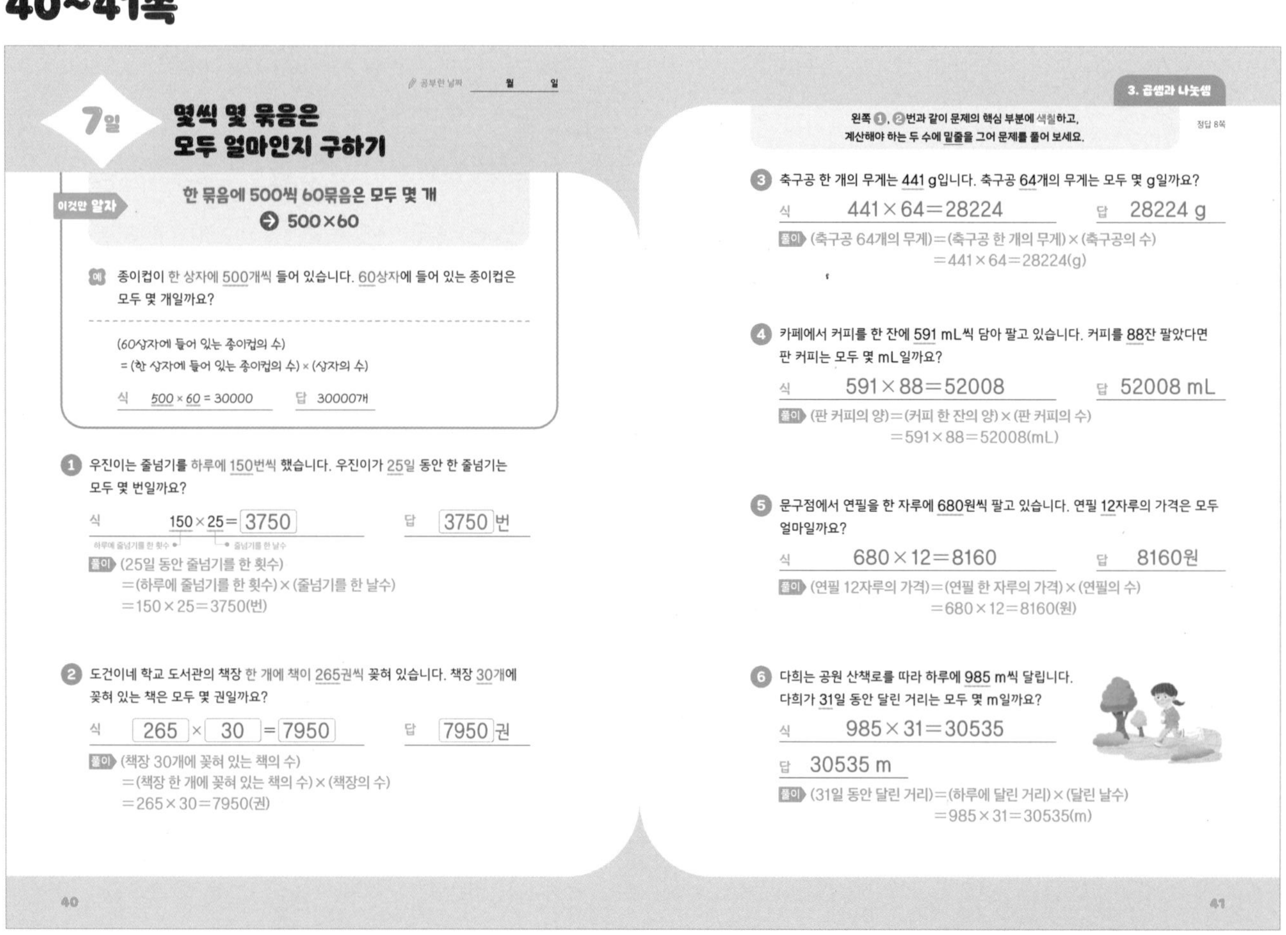

7일 몇씩 몇 묶음은 모두 얼마인지 구하기

공부한 날짜 월 일

3. 곱셈과 나눗셈

정답 8쪽

이것만 알자 한 묶음에 500씩 60묶음은 모두 몇 개 ➔ 500×60

예 종이컵이 한 상자에 500개씩 들어 있습니다. 60상자에 들어 있는 종이컵은 모두 몇 개일까요?

(60상자에 들어 있는 종이컵의 수)
=(한 상자에 들어 있는 종이컵의 수)×(상자의 수)

식 $500 \times 60 = 30000$ 답 30000개

① 우진이는 줄넘기를 하루에 150번씩 했습니다. 우진이가 25일 동안 한 줄넘기는 모두 몇 번일까요?

식 $150 \times 25 = 3750$ 답 3750번

풀이 (25일 동안 줄넘기를 한 횟수)
=(하루에 줄넘기를 한 횟수)×(줄넘기를 한 날수)
$=150 \times 25 = 3750$(번)

② 도건이네 학교 도서관의 책장 한 개에 책이 265권씩 꽂혀 있습니다. 책장 30개에 꽂혀 있는 책은 모두 몇 권일까요?

식 $265 \times 30 = 7950$ 답 7950권

풀이 (책장 30개에 꽂혀 있는 책의 수)
=(책장 한 개에 꽂혀 있는 책의 수)×(책장의 수)
$=265 \times 30 = 7950$(권)

왼쪽 ①, ②번과 같이 문제의 핵심 부분에 색칠하고, 계산해야 하는 두 수에 밑줄을 그어 문제를 풀어 보세요.

③ 축구공 한 개의 무게는 441 g입니다. 축구공 64개의 무게는 모두 몇 g일까요?

식 $441 \times 64 = 28224$ 답 28224 g

풀이 (축구공 64개의 무게)=(축구공 한 개의 무게)×(축구공의 수)
$=441 \times 64 = 28224$(g)

④ 카페에서 커피를 한 잔에 591 mL씩 담아 팔고 있습니다. 커피를 88잔 팔았다면 판 커피는 모두 몇 mL일까요?

식 $591 \times 88 = 52008$ 답 52008 mL

풀이 (판 커피의 양)=(커피 한 잔의 양)×(판 커피의 수)
$=591 \times 88 = 52008$(mL)

⑤ 문구점에서 연필을 한 자루에 680원씩 팔고 있습니다. 연필 12자루의 가격은 모두 얼마일까요?

식 $680 \times 12 = 8160$ 답 8160원

풀이 (연필 12자루의 가격)=(연필 한 자루의 가격)×(연필의 수)
$=680 \times 12 = 8160$(원)

⑥ 다희는 공원 산책로를 따라 하루에 985 m씩 달립니다. 다희가 31일 동안 달린 거리는 모두 몇 m일까요?

식 $985 \times 31 = 30535$ 답 30535 m

풀이 (31일 동안 달린 거리)=(하루에 달린 거리)×(달린 날수)
$=985 \times 31 = 30535$(m)

42~43쪽

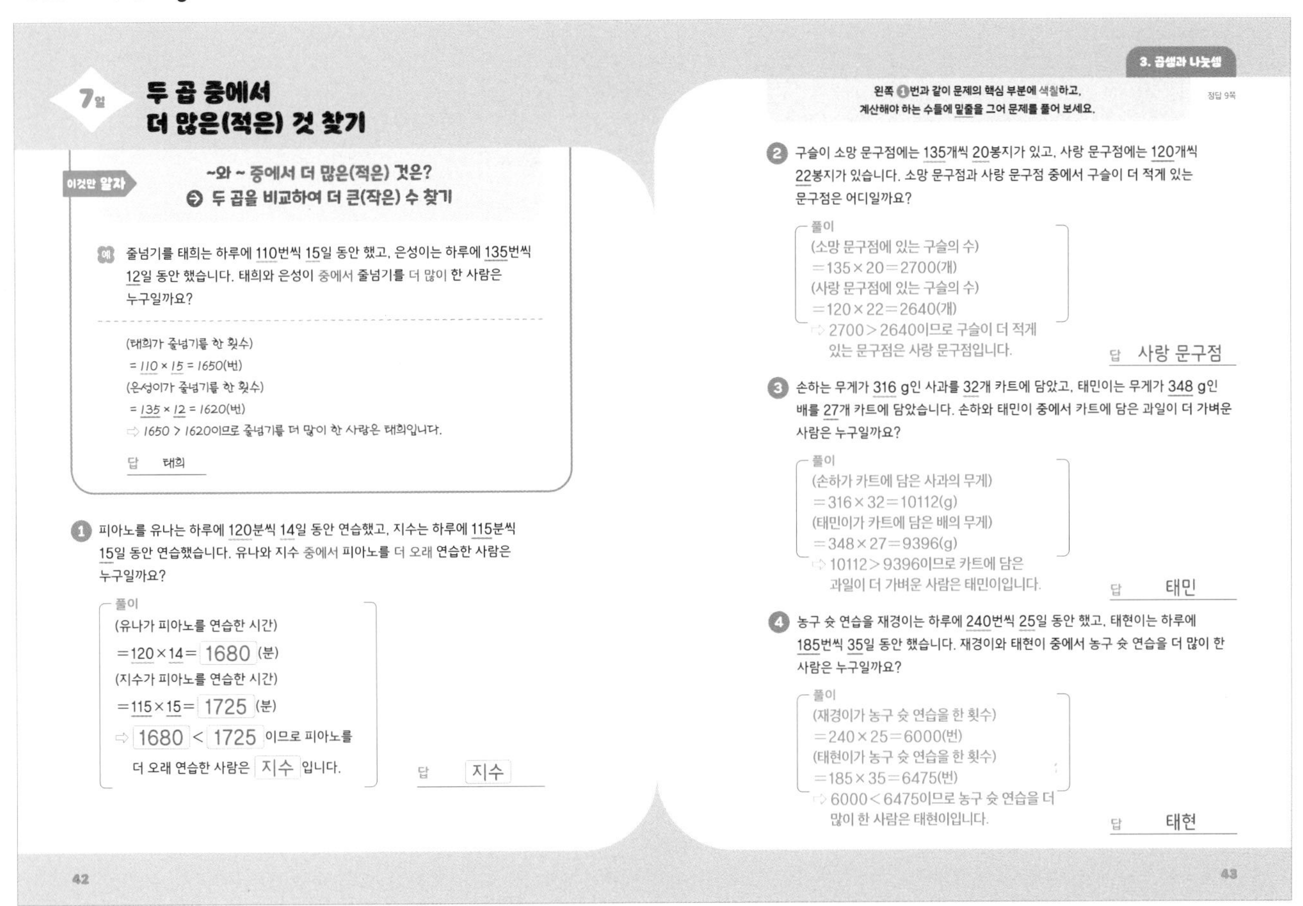

3. 곱셈과 나눗셈

7일 두 곱 중에서 더 많은(적은) 것 찾기

이것만 알자

~와 ~ 중에서 더 많은(적은) 것은?
➡ 두 곱을 비교하여 더 큰(작은) 수 찾기

예 줄넘기를 태희는 하루에 110번씩 15일 동안 했고, 은성이는 하루에 135번씩 12일 동안 했습니다. 태희와 은성이 중에서 줄넘기를 더 많이 한 사람은 누구일까요?

(태희가 줄넘기를 한 횟수)
= 110 × 15 = 1650(번)
(은성이가 줄넘기를 한 횟수)
= 135 × 12 = 1620(번)
⇨ 1650 > 1620이므로 줄넘기를 더 많이 한 사람은 태희입니다.

답 태희

1 피아노를 유나는 하루에 120분씩 14일 동안 연습했고, 지수는 하루에 115분씩 15일 동안 연습했습니다. 유나와 지수 중에서 피아노를 더 오래 연습한 사람은 누구일까요?

풀이
(유나가 피아노를 연습한 시간)
= 120 × 14 = 1680 (분)
(지수가 피아노를 연습한 시간)
= 115 × 15 = 1725 (분)
⇨ 1680 < 1725 이므로 피아노를 더 오래 연습한 사람은 지수 입니다.

답 지수

왼쪽 1번과 같이 문제의 핵심 부분에 색칠하고, 계산해야 하는 수들에 밑줄을 그어 문제를 풀어 보세요.

정답 9쪽

2 구슬이 소망 문구점에는 135개씩 20봉지가 있고, 사랑 문구점에는 120개씩 22봉지가 있습니다. 소망 문구점과 사랑 문구점 중에서 구슬이 더 적게 있는 문구점은 어디일까요?

풀이
(소망 문구점에 있는 구슬의 수)
= 135 × 20 = 2700(개)
(사랑 문구점에 있는 구슬의 수)
= 120 × 22 = 2640(개)
⇨ 2700 > 2640이므로 구슬이 더 적게 있는 문구점은 사랑 문구점입니다.

답 사랑 문구점

3 손하는 무게가 316 g인 사과를 32개 카트에 담았고, 태민이는 무게가 348 g인 배를 27개 카트에 담았습니다. 손하와 태민이 중에서 카트에 담은 과일이 더 가벼운 사람은 누구일까요?

풀이
(손하가 카트에 담은 사과의 무게)
= 316 × 32 = 10112(g)
(태민이가 카트에 담은 배의 무게)
= 348 × 27 = 9396(g)
⇨ 10112 > 9396이므로 카트에 담은 과일이 더 가벼운 사람은 태민이입니다.

답 태민

4 농구 슛 연습을 재경이는 하루에 240번씩 25일 동안 했고, 태현이는 하루에 185번씩 35일 동안 했습니다. 재경이와 태현이 중에서 농구 슛 연습을 더 많이 한 사람은 누구일까요?

풀이
(재경이가 농구 슛 연습을 한 횟수)
= 240 × 25 = 6000(번)
(태현이가 농구 슛 연습을 한 횟수)
= 185 × 35 = 6475(번)
⇨ 6000 < 6475이므로 농구 슛 연습을 더 많이 한 사람은 태현이입니다.

답 태현

42 43

44~45쪽

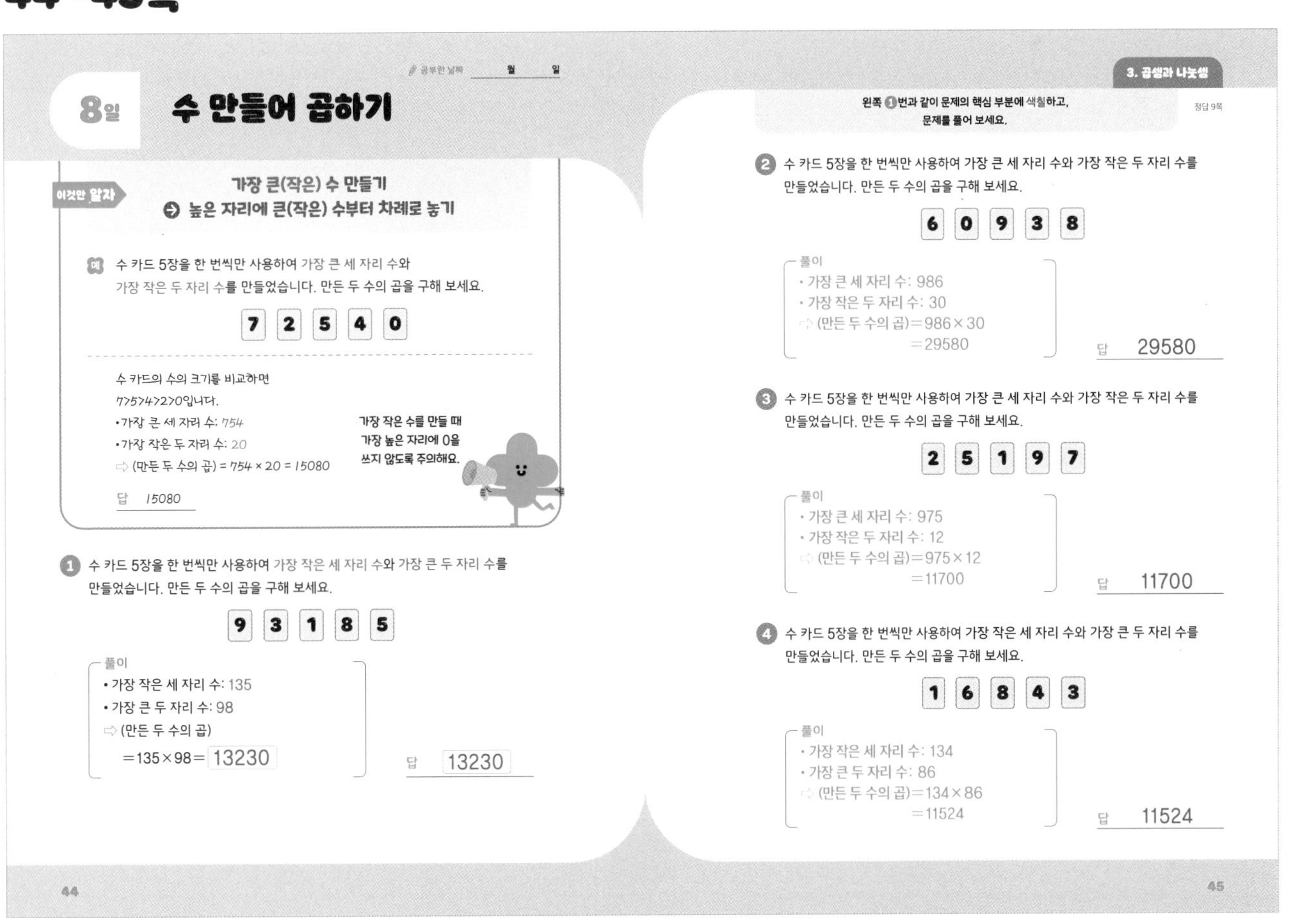

공부한 날짜 월 일

3. 곱셈과 나눗셈

8일 수 만들어 곱하기

이것만 알자

가장 큰(작은) 수 만들기
➡ 높은 자리에 큰(작은) 수부터 차례로 놓기

예 수 카드 5장을 한 번씩만 사용하여 가장 큰 세 자리 수와 가장 작은 두 자리 수를 만들었습니다. 만든 두 수의 곱을 구해 보세요.

7 2 5 4 0

수 카드의 수의 크기를 비교하면 7>5>4>2>0입니다.
• 가장 큰 세 자리 수: 754
• 가장 작은 두 자리 수: 20
⇨ (만든 두 수의 곱) = 754 × 20 = 15080

답 15080

가장 작은 수를 만들 때 가장 높은 자리에 0을 쓰지 않도록 주의해요.

1 수 카드 5장을 한 번씩만 사용하여 가장 작은 세 자리 수와 가장 큰 두 자리 수를 만들었습니다. 만든 두 수의 곱을 구해 보세요.

9 3 1 8 5

풀이
• 가장 작은 세 자리 수: 135
• 가장 큰 두 자리 수: 98
⇨ (만든 두 수의 곱)
= 135 × 98 = 13230

답 13230

왼쪽 1번과 같이 문제의 핵심 부분에 색칠하고, 문제를 풀어 보세요.

정답 9쪽

2 수 카드 5장을 한 번씩만 사용하여 가장 큰 세 자리 수와 가장 작은 두 자리 수를 만들었습니다. 만든 두 수의 곱을 구해 보세요.

6 0 9 3 8

풀이
• 가장 큰 세 자리 수: 986
• 가장 작은 두 자리 수: 30
⇨ (만든 두 수의 곱) = 986 × 30
= 29580

답 29580

3 수 카드 5장을 한 번씩만 사용하여 가장 큰 세 자리 수와 가장 작은 두 자리 수를 만들었습니다. 만든 두 수의 곱을 구해 보세요.

2 5 1 9 7

풀이
• 가장 큰 세 자리 수: 975
• 가장 작은 두 자리 수: 12
⇨ (만든 두 수의 곱) = 975 × 12
= 11700

답 11700

4 수 카드 5장을 한 번씩만 사용하여 가장 작은 세 자리 수와 가장 큰 두 자리 수를 만들었습니다. 만든 두 수의 곱을 구해 보세요.

1 6 8 4 3

풀이
• 가장 작은 세 자리 수: 134
• 가장 큰 두 자리 수: 86
⇨ (만든 두 수의 곱) = 134 × 86
= 11524

답 11524

44 45

3 곱셈과 나눗셈

46~47쪽

공부한 날짜 월 일

8일 **똑같이 나누기**

왼쪽 ①, ②번과 같이 문제의 핵심 부분에 색칠하고, 계산해야 하는 두 수에 밑줄을 그어 문제를 풀어 보세요.

정답 10쪽

이것만 알자
■를 한 묶음에 ●씩 나누어 ➔ ■÷●
■를 ●묶음으로 똑같이 나누어 ➔ ■÷●

예 유민이는 책 128권을 한 상자에 20권씩 나누어 담으려고 합니다. 책을 몇 상자까지 담을 수 있고, 남는 책은 몇 권일까요?

(전체 책의 수)÷(한 상자에 담을 책의 수)의 몫이 담을 수 있는 상자의 수이고, 나머지가 남는 책의 수입니다.

식 128÷20=6…8 답 6상자, 8권

① 신우는 160쪽인 위인전을 하루에 40쪽씩 나누어 읽으려고 합니다. 신우가 위인전을 모두 읽으려면 며칠이 걸릴까요?

식 160÷40=4 (위인전의 전체 쪽수, 하루에 읽을 쪽수) 답 4일

풀이 (위인전의 전체 쪽수)÷(하루에 읽을 쪽수)의 몫이 위인전을 모두 읽는 데 걸리는 날수입니다.

② 색종이 84장을 12봉지에 똑같이 나누어 담으려고 합니다. 한 봉지에 색종이를 몇 장까지 담을 수 있을까요?

식 84÷12=7 답 7장

풀이 (전체 색종이의 수)÷(봉지의 수)의 몫이 한 봉지에 담을 수 있는 색종이의 수입니다.

③ 길이가 184 cm인 색 테이프를 연아네 반 학생 23명에게 똑같이 나누어 주려고 합니다. 한 사람에게 색 테이프를 몇 cm까지 나누어 줄 수 있을까요?

식 184÷23=8 답 8 cm

풀이 (전체 색 테이프의 길이)÷(나누어 줄 학생의 수)의 몫이 한 사람에게 나누어 줄 수 있는 색 테이프의 길이입니다.

④ 노래 경연 참가자 150명을 한 모둠에 16명씩 나누어 심사하려고 합니다. 몇 모둠까지 만들 수 있고, 남는 참가자는 몇 명일까요?

식 150÷16=9…6

답 9모둠 , 6명

풀이 (전체 참가자의 수)÷(한 모둠의 참가자의 수)의 몫이 만들 수 있는 모둠의 수이고, 나머지가 남는 참가자의 수입니다.

⑤ 연필 공장에서 연필 937자루를 한 상자에 48자루씩 나누어 담으려고 합니다. 연필을 몇 상자까지 담을 수 있고, 남는 연필은 몇 자루일까요?

식 937÷48=19…25

답 19상자 , 25자루

풀이 (전체 연필의 수)÷(한 상자에 담을 연필의 수)의 몫이 담을 수 있는 상자의 수이고, 나머지가 남는 연필의 수입니다.

48~49쪽

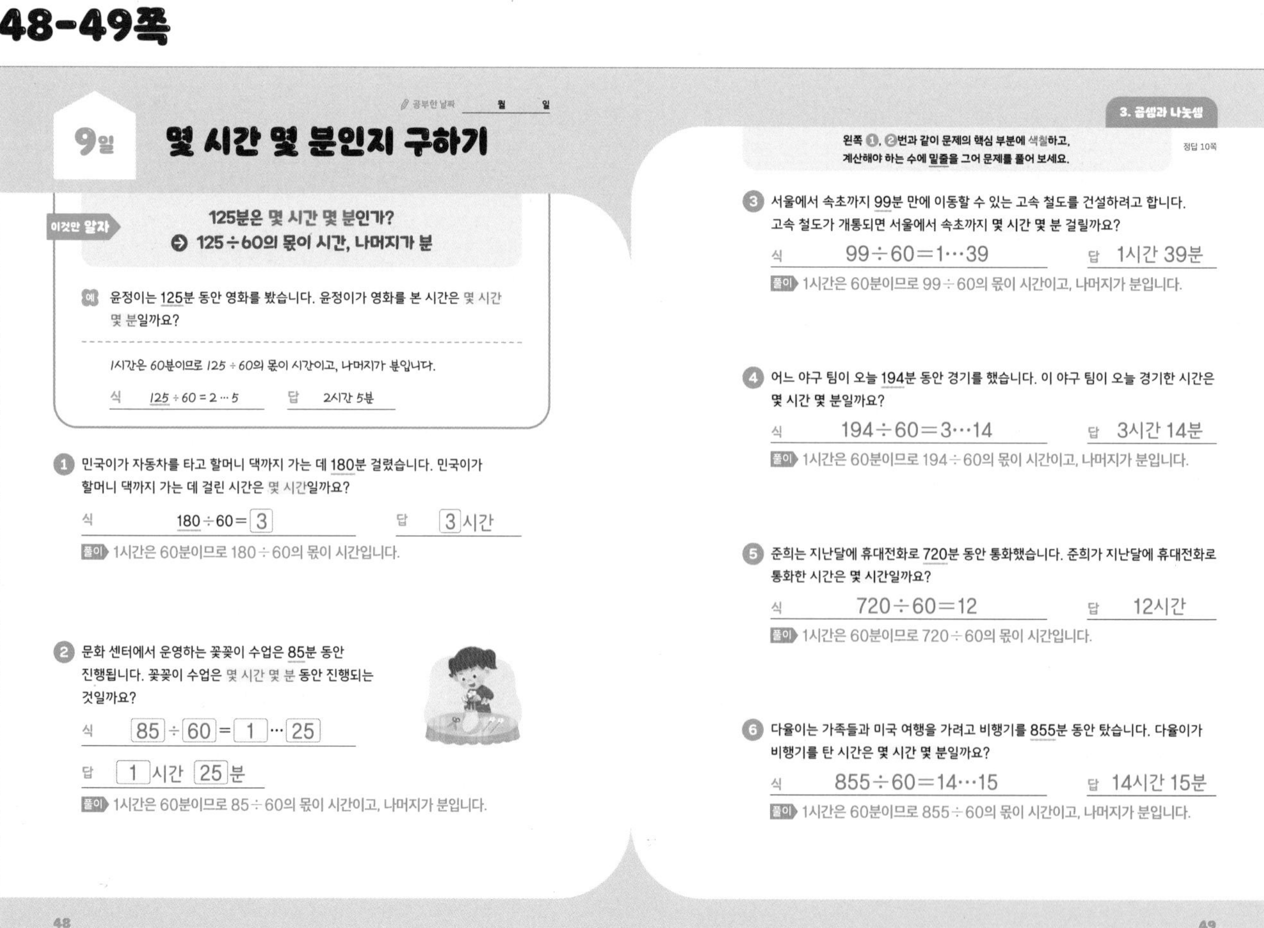

공부한 날짜 월 일

9일 **몇 시간 몇 분인지 구하기**

3. 곱셈과 나눗셈

왼쪽 ①, ②번과 같이 문제의 핵심 부분에 색칠하고, 계산해야 하는 수에 밑줄을 그어 문제를 풀어 보세요.

정답 10쪽

이것만 알자
125분은 몇 시간 몇 분인가?
➔ 125÷60의 몫이 시간, 나머지가 분

예 윤정이는 125분 동안 영화를 봤습니다. 윤정이가 영화를 본 시간은 몇 시간 몇 분일까요?

1시간은 60분이므로 125÷60의 몫이 시간이고, 나머지가 분입니다.

식 125÷60=2…5 답 2시간 5분

① 민국이가 자동차를 타고 할머니 댁까지 가는 데 180분 걸렸습니다. 민국이가 할머니 댁까지 가는 데 걸린 시간은 몇 시간일까요?

식 180÷60=3 답 3시간

풀이 1시간은 60분이므로 180÷60의 몫이 시간입니다.

② 문화 센터에서 운영하는 꽃꽂이 수업은 85분 동안 진행됩니다. 꽃꽂이 수업은 몇 시간 몇 분 동안 진행되는 것일까요?

식 85÷60=1…25

답 1시간 25분

풀이 1시간은 60분이므로 85÷60의 몫이 시간이고, 나머지가 분입니다.

③ 서울에서 속초까지 99분 만에 이동할 수 있는 고속 철도를 건설하려고 합니다. 고속 철도가 개통되면 서울에서 속초까지 몇 시간 몇 분 걸릴까요?

식 99÷60=1…39 답 1시간 39분

풀이 1시간은 60분이므로 99÷60의 몫이 시간이고, 나머지가 분입니다.

④ 어느 야구 팀이 오늘 194분 동안 경기를 했습니다. 이 야구 팀이 오늘 경기한 시간은 몇 시간 몇 분일까요?

식 194÷60=3…14 답 3시간 14분

풀이 1시간은 60분이므로 194÷60의 몫이 시간이고, 나머지가 분입니다.

⑤ 준희는 지난달에 휴대전화로 720분 동안 통화했습니다. 준희가 지난달에 휴대전화로 통화한 시간은 몇 시간일까요?

식 720÷60=12 답 12시간

풀이 1시간은 60분이므로 720÷60의 몫이 시간입니다.

⑥ 다울이는 가족들과 미국 여행을 가려고 비행기를 855분 동안 탔습니다. 다울이가 비행기를 탄 시간은 몇 시간 몇 분일까요?

식 855÷60=14…15 답 14시간 15분

풀이 1시간은 60분이므로 855÷60의 몫이 시간이고, 나머지가 분입니다.

48 49

50~51쪽

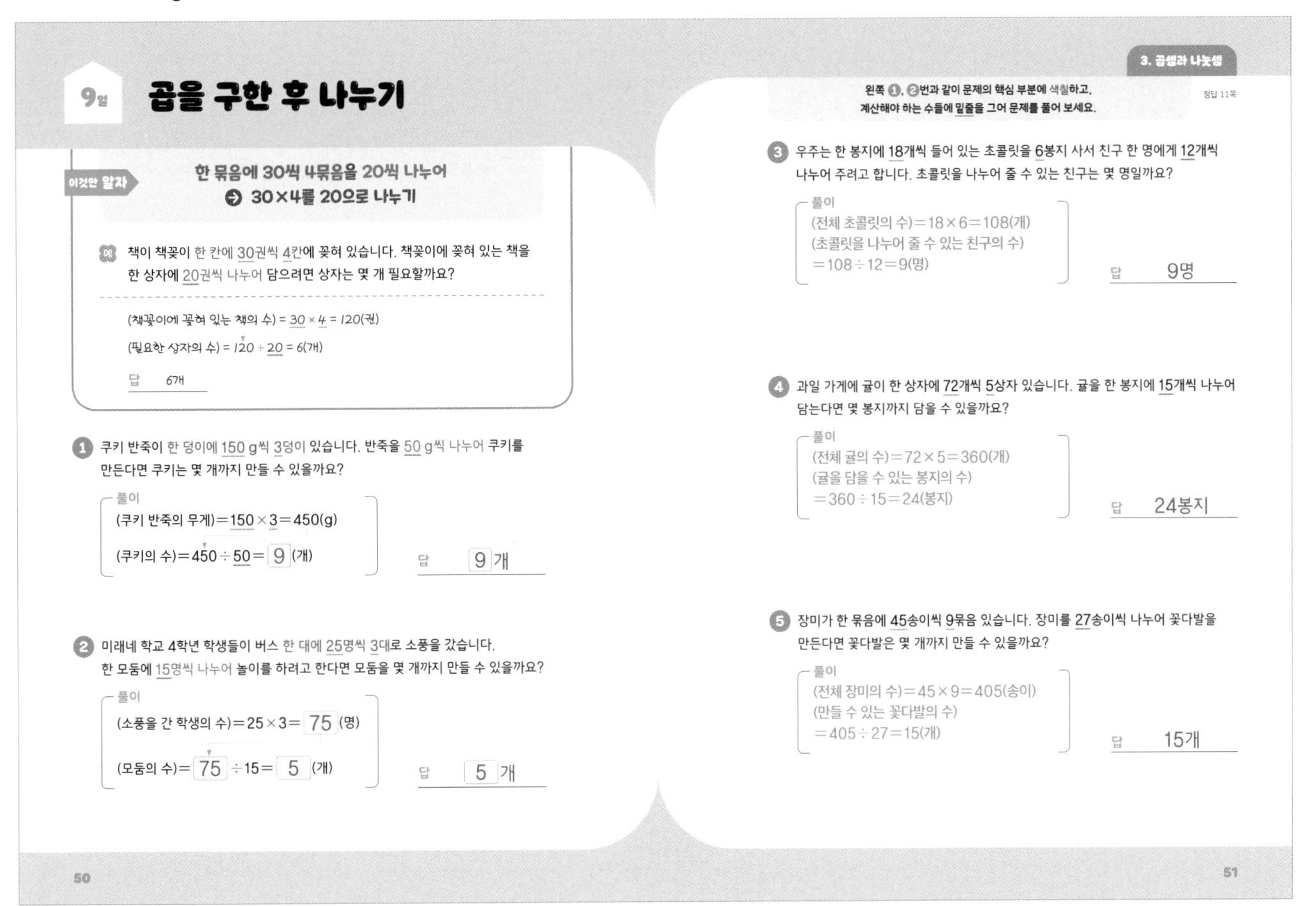

3. 곱셈과 나눗셈

9일 곱을 구한 후 나누기

이것만 알자

한 묶음에 30씩 4묶음을 20씩 나누어 ➔ 30×4를 20으로 나누기

예 책이 책꽂이 한 칸에 30권씩 4칸에 꽂혀 있습니다. 책꽂이에 꽂혀 있는 책을 한 상자에 20권씩 나누어 담으려면 상자는 몇 개 필요할까요?

(책꽂이에 꽂혀 있는 책의 수) = 30 × 4 = 120(권)

(필요한 상자의 수) = 120 ÷ 20 = 6(개)

답 6개

1 쿠키 반죽이 한 덩이에 150 g씩 3덩이 있습니다. 반죽을 50 g씩 나누어 쿠키를 만든다면 쿠키는 몇 개까지 만들 수 있을까요?

풀이
(쿠키 반죽의 무게)=150×3=450(g)
(쿠키의 수)=450÷50=9(개)

답 9개

2 미래네 학교 4학년 학생들이 버스 한 대에 25명씩 3대로 소풍을 갔습니다. 한 모둠에 15명씩 나누어 놀이를 하려고 한다면 모둠을 몇 개까지 만들 수 있을까요?

풀이
(소풍을 간 학생의 수)=25×3=75(명)
(모둠의 수)=75÷15=5(개)

답 5개

왼쪽 1, 2번과 같이 문제의 핵심 부분에 색칠하고, 계산해야 하는 수들에 밑줄을 그어 문제를 풀어 보세요.

정답 11쪽

3 우주는 한 봉지에 18개씩 들어 있는 초콜릿을 6봉지 사서 친구 한 명에게 12개씩 나누어 주려고 합니다. 초콜릿을 나누어 줄 수 있는 친구는 몇 명일까요?

풀이
(전체 초콜릿의 수)=18×6=108(개)
(초콜릿을 나누어 줄 수 있는 친구의 수)
=108÷12=9(명)

답 9명

4 과일 가게에 귤이 한 상자에 72개씩 5상자 있습니다. 귤을 한 봉지에 15개씩 나누어 담는다면 몇 봉지까지 담을 수 있을까요?

풀이
(전체 귤의 수)=72×5=360(개)
(귤을 담을 수 있는 봉지의 수)
=360÷15=24(봉지)

답 24봉지

5 장미가 한 묶음에 45송이씩 9묶음 있습니다. 장미를 27송이씩 나누어 꽃다발을 만든다면 꽃다발은 몇 개까지 만들 수 있을까요?

풀이
(전체 장미의 수)=45×9=405(송이)
(만들 수 있는 꽃다발의 수)
=405÷27=15(개)

답 15개

50 51

52~53쪽

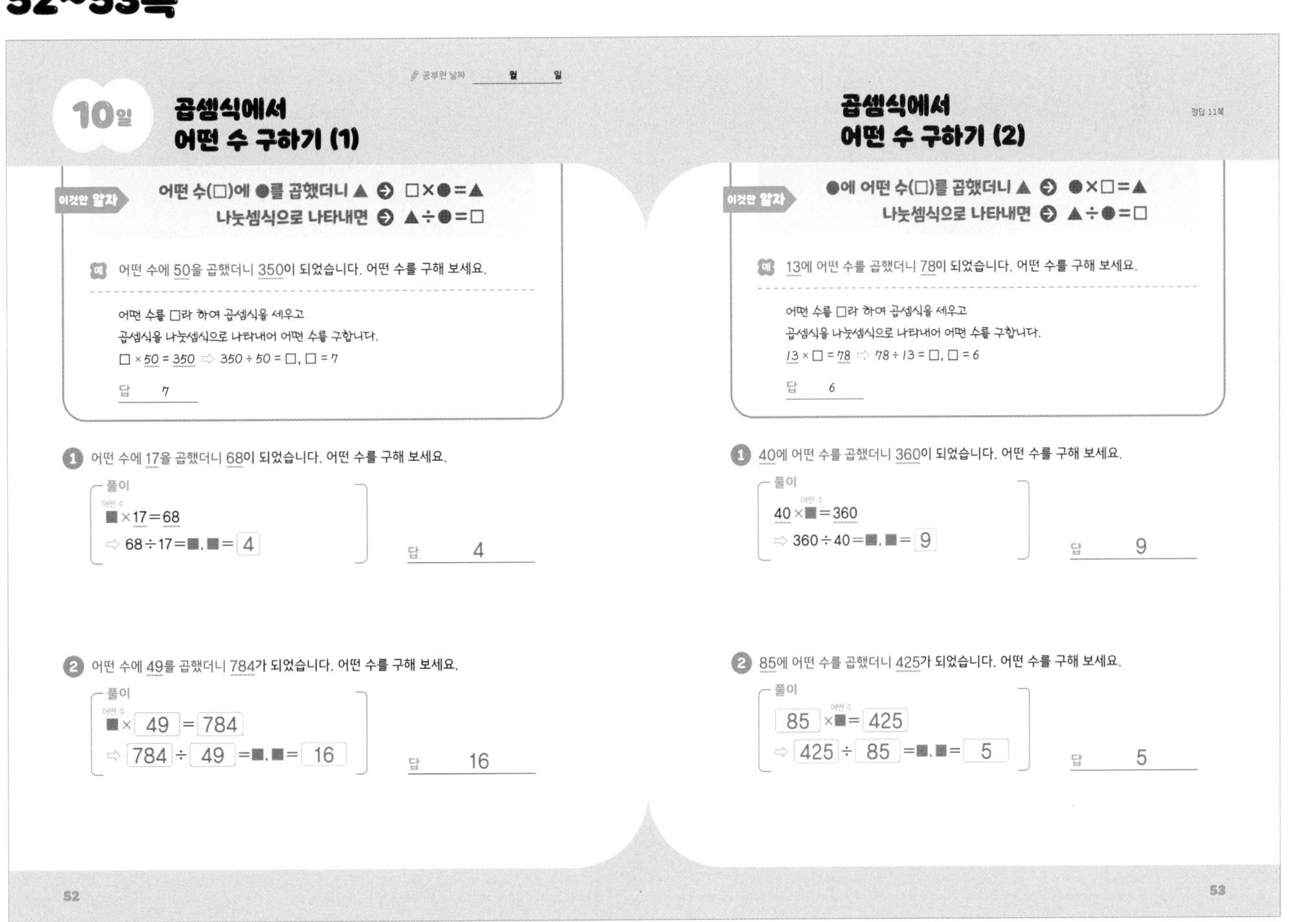

공부한 날짜 월 일

10일 곱셈식에서 어떤 수 구하기 (1)

이것만 알자

어떤 수(□)에 ●를 곱했더니 ▲ ➔ □×●=▲
나눗셈식으로 나타내면 ➔ ▲÷●=□

예 어떤 수에 50을 곱했더니 350이 되었습니다. 어떤 수를 구해 보세요.

어떤 수를 □라 하여 곱셈식을 세우고
곱셈식을 나눗셈식으로 나타내어 어떤 수를 구합니다.
□ × 50 = 350 ⇨ 350 ÷ 50 = □, □ = 7

답 7

1 어떤 수에 17을 곱했더니 68이 되었습니다. 어떤 수를 구해 보세요.

풀이
■×17=68
⇨ 68÷17=■, ■=4

답 4

2 어떤 수에 49를 곱했더니 784가 되었습니다. 어떤 수를 구해 보세요.

풀이
■×49=784
⇨ 784÷49=■, ■=16

답 16

곱셈식에서 어떤 수 구하기 (2)

정답 11쪽

이것만 알자

●에 어떤 수(□)를 곱했더니 ▲ ➔ ●×□=▲
나눗셈식으로 나타내면 ➔ ▲÷●=□

예 13에 어떤 수를 곱했더니 78이 되었습니다. 어떤 수를 구해 보세요.

어떤 수를 □라 하여 곱셈식을 세우고
곱셈식을 나눗셈식으로 나타내어 어떤 수를 구합니다.
13 × □ = 78 ⇨ 78 ÷ 13 = □, □ = 6

답 6

1 40에 어떤 수를 곱했더니 360이 되었습니다. 어떤 수를 구해 보세요.

풀이
40×■=360
⇨ 360÷40=■, ■=9

답 9

2 85에 어떤 수를 곱했더니 425가 되었습니다. 어떤 수를 구해 보세요.

풀이
85×■=425
⇨ 425÷85=■, ■=5

답 5

52 53

3 곱셈과 나눗셈

54~55쪽

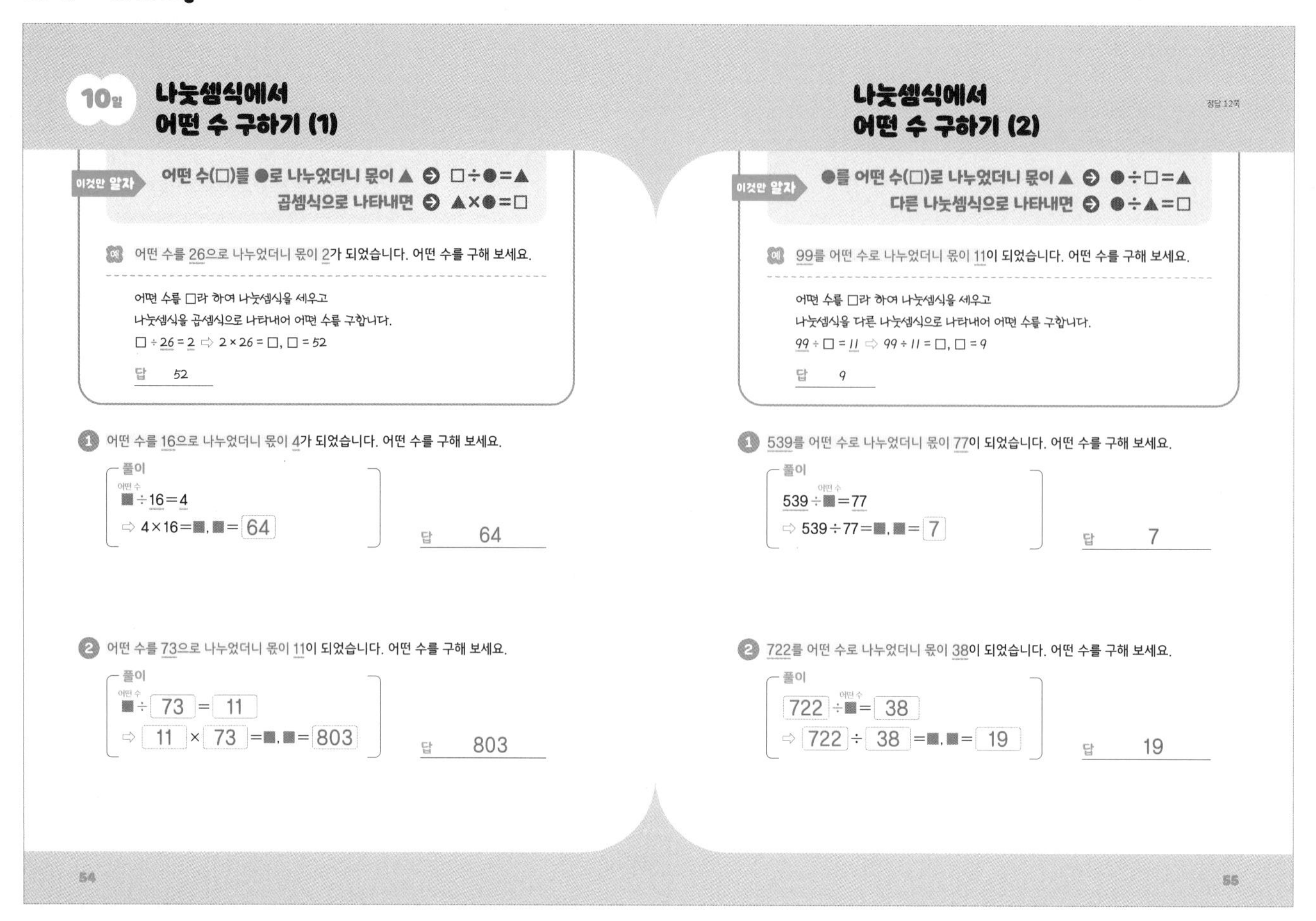

10일 나눗셈식에서 어떤 수 구하기 (1)

이것만 알자 어떤 수(□)를 ●로 나누었더니 몫이 ▲ ➔ □÷●=▲
곱셈식으로 나타내면 ➔ ▲×●=□

예 어떤 수를 26으로 나누었더니 몫이 2가 되었습니다. 어떤 수를 구해 보세요.

어떤 수를 □라 하여 나눗셈식을 세우고
나눗셈식을 곱셈식으로 나타내어 어떤 수를 구합니다.
□÷26=2 ⇨ 2×26=□, □=52

답 52

1 어떤 수를 16으로 나누었더니 몫이 4가 되었습니다. 어떤 수를 구해 보세요.

풀이
■÷16=4
⇨ 4×16=■, ■=64

답 64

2 어떤 수를 73으로 나누었더니 몫이 11이 되었습니다. 어떤 수를 구해 보세요.

풀이
■÷73=11
⇨ 11×73=■, ■=803

답 803

나눗셈식에서 어떤 수 구하기 (2)

정답 12쪽

이것만 알자 ●를 어떤 수(□)로 나누었더니 몫이 ▲ ➔ ●÷□=▲
다른 나눗셈식으로 나타내면 ➔ ●÷▲=□

예 99를 어떤 수로 나누었더니 몫이 11이 되었습니다. 어떤 수를 구해 보세요.

어떤 수를 □라 하여 나눗셈식을 세우고
나눗셈식을 다른 나눗셈식으로 나타내어 어떤 수를 구합니다.
99÷□=11 ⇨ 99÷11=□, □=9

답 9

1 539를 어떤 수로 나누었더니 몫이 77이 되었습니다. 어떤 수를 구해 보세요.

풀이
539÷■=77
⇨ 539÷77=■, ■=7

답 7

2 722를 어떤 수로 나누었더니 몫이 38이 되었습니다. 어떤 수를 구해 보세요.

풀이
722÷■=38
⇨ 722÷38=■, ■=19

답 19

54 55

56~57쪽

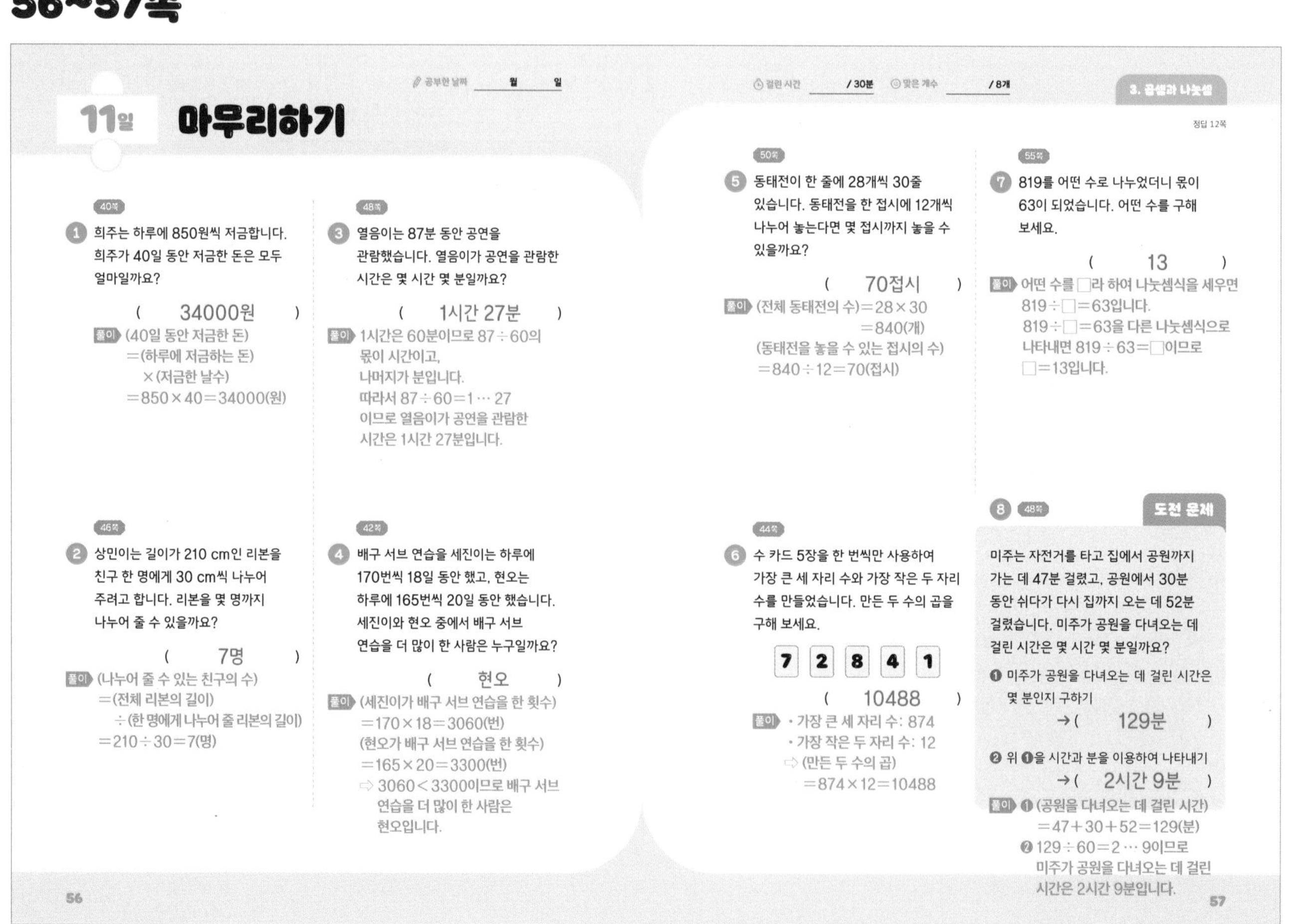

11일 마무리하기

공부한 날짜 월 일 걸린 시간 /30분 맞은 개수 /8개 3. 곱셈과 나눗셈

정답 12쪽

40쪽
1 희주는 하루에 850원씩 저금합니다. 희주가 40일 동안 저금한 돈은 모두 얼마일까요?

(34000원)

풀이 (40일 동안 저금한 돈)
=(하루에 저금하는 돈)×(저금한 날수)
=850×40=34000(원)

46쪽
2 상민이는 길이가 210 cm인 리본을 친구 한 명에게 30 cm씩 나누어 주려고 합니다. 리본을 몇 명까지 나누어 줄 수 있을까요?

(7명)

풀이 (나누어 줄 수 있는 친구의 수)
=(전체 리본의 길이)÷(한 명에게 나누어 줄 리본의 길이)
=210÷30=7(명)

48쪽
3 열음이는 87분 동안 공연을 관람했습니다. 열음이가 공연을 관람한 시간은 몇 시간 몇 분일까요?

(1시간 27분)

풀이 1시간은 60분이므로 87÷60의 몫이 시간이고, 나머지가 분입니다.
따라서 87÷60=1 ⋯ 27이므로 열음이가 공연을 관람한 시간은 1시간 27분입니다.

42쪽
4 배구 서브 연습을 세진이는 하루에 170번씩 18일 동안 했고, 현오는 하루에 165번씩 20일 동안 했습니다. 세진이와 현오 중에서 배구 서브 연습을 더 많이 한 사람은 누구일까요?

(현오)

풀이 (세진이가 배구 서브 연습을 한 횟수)
=170×18=3060(번)
(현오가 배구 서브 연습을 한 횟수)
=165×20=3300(번)
⇨ 3060<3300이므로 배구 서브 연습을 더 많이 한 사람은 현오입니다.

50쪽
5 동태전이 한 줄에 28개씩 30줄 있습니다. 동태전을 한 접시에 12개씩 나누어 놓는다면 몇 접시까지 놓을 수 있을까요?

(70접시)

풀이 (전체 동태전의 수)=28×30=840(개)
(동태전을 놓을 수 있는 접시의 수)
=840÷12=70(접시)

44쪽
6 수 카드 5장을 한 번씩만 사용하여 가장 큰 세 자리 수와 가장 작은 두 자리 수를 만들었습니다. 만든 두 수의 곱을 구해 보세요.

7 2 8 4 1

(10488)

풀이 • 가장 큰 세 자리 수: 874
• 가장 작은 두 자리 수: 12
⇨ (만든 두 수의 곱)
=874×12=10488

55쪽
7 819를 어떤 수로 나누었더니 몫이 63이 되었습니다. 어떤 수를 구해 보세요.

(13)

풀이 어떤 수를 □라 하여 나눗셈식을 세우면 819÷□=63입니다.
819÷□=63을 다른 나눗셈식으로 나타내면 819÷63=□이므로 □=13입니다.

8 48쪽 도전 문제
미주는 자전거를 타고 집에서 공원까지 가는 데 47분 걸렸고, 공원에서 30분 동안 쉬다가 다시 집까지 오는 데 52분 걸렸습니다. 미주가 공원을 다녀오는 데 걸린 시간은 몇 시간 몇 분일까요?

❶ 미주가 공원을 다녀오는 데 걸린 시간은 몇 분인지 구하기
→(129분)

❷ 위 ❶을 시간과 분을 이용하여 나타내기
→(2시간 9분)

풀이 ❶ (공원을 다녀오는 데 걸린 시간)
=47+30+52=129(분)
❷ 129÷60=2 ⋯ 9이므로 미주가 공원을 다녀오는 데 걸린 시간은 2시간 9분입니다.

56 57

4 평면도형의 이동

60~61쪽

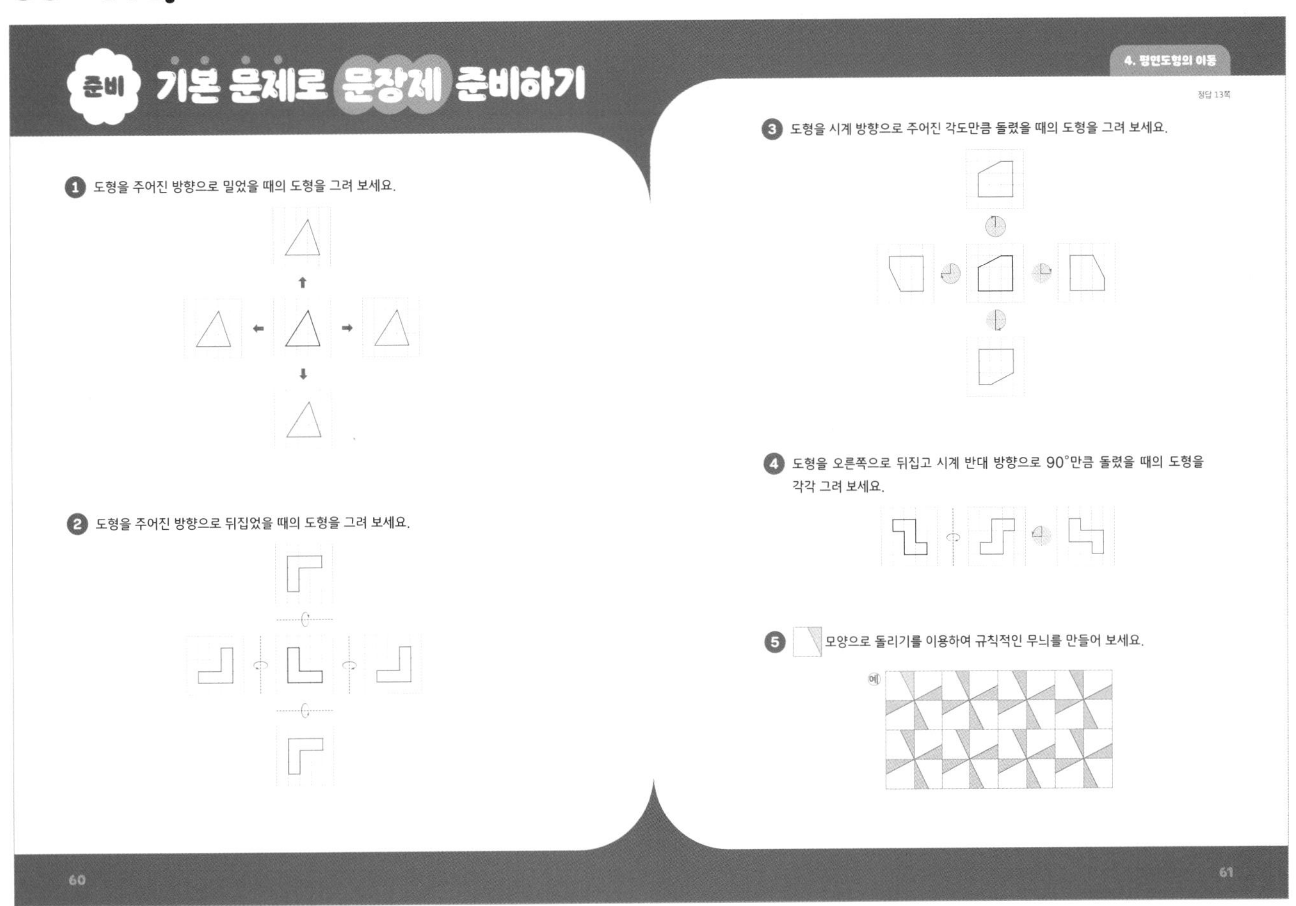

준비 기본 문제로 문장제 준비하기

정답 13쪽

1 도형을 주어진 방향으로 밀었을 때의 도형을 그려 보세요.

2 도형을 주어진 방향으로 뒤집었을 때의 도형을 그려 보세요.

3 도형을 시계 방향으로 주어진 각도만큼 돌렸을 때의 도형을 그려 보세요.

4 도형을 오른쪽으로 뒤집고 시계 반대 방향으로 90°만큼 돌렸을 때의 도형을 각각 그려 보세요.

5 모양으로 돌리기를 이용하여 규칙적인 무늬를 만들어 보세요.

예

62~63쪽

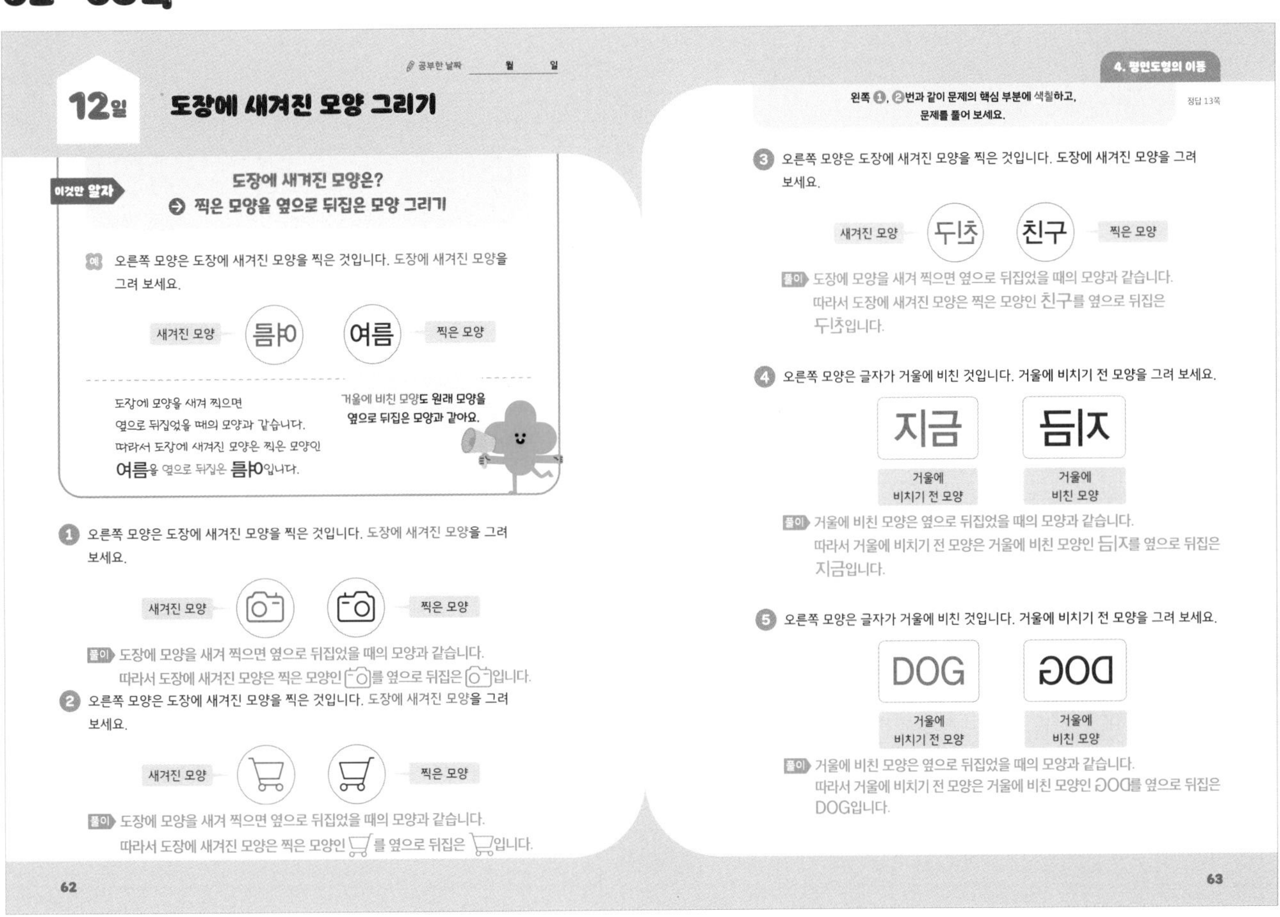

공부한 날짜 월 일

12일 도장에 새겨진 모양 그리기

이것만 알자

도장에 새겨진 모양은?
➔ 찍은 모양을 옆으로 뒤집은 모양 그리기

예 오른쪽 모양은 도장에 새겨진 모양을 찍은 것입니다. 도장에 새겨진 모양을 그려 보세요.

새겨진 모양 / 찍은 모양 여름

도장에 모양을 새겨 찍으면 옆으로 뒤집었을 때의 모양과 같습니다. 따라서 도장에 새겨진 모양은 찍은 모양인 여름을 옆으로 뒤집은 모양입니다.

거울에 비친 모양도 원래 모양을 옆으로 뒤집은 모양과 같아요.

1 오른쪽 모양은 도장에 새겨진 모양을 찍은 것입니다. 도장에 새겨진 모양을 그려 보세요.

새겨진 모양 / 찍은 모양

풀이 도장에 모양을 새겨 찍으면 옆으로 뒤집었을 때의 모양과 같습니다.
따라서 도장에 새겨진 모양은 찍은 모양인 를 옆으로 뒤집은 입니다.

2 오른쪽 모양은 도장에 새겨진 모양을 찍은 것입니다. 도장에 새겨진 모양을 그려 보세요.

새겨진 모양 / 찍은 모양

풀이 도장에 모양을 새겨 찍으면 옆으로 뒤집었을 때의 모양과 같습니다.
따라서 도장에 새겨진 모양은 찍은 모양인 를 옆으로 뒤집은 입니다.

왼쪽 1, 2번과 같이 문제의 핵심 부분에 색칠하고, 문제를 풀어 보세요.

정답 13쪽

3 오른쪽 모양은 도장에 새겨진 모양을 찍은 것입니다. 도장에 새겨진 모양을 그려 보세요.

새겨진 모양 / 친구 / 찍은 모양

풀이 도장에 모양을 새겨 찍으면 옆으로 뒤집었을 때의 모양과 같습니다.
따라서 도장에 새겨진 모양은 찍은 모양인 친구를 옆으로 뒤집은 모양입니다.

4 오른쪽 모양은 글자가 거울에 비친 것입니다. 거울에 비치기 전 모양을 그려 보세요.

지금 / 거울에 비치기 전 모양 / 거울에 비친 모양

풀이 거울에 비친 모양은 옆으로 뒤집었을 때의 모양과 같습니다.
따라서 거울에 비치기 전 모양은 거울에 비친 모양을 옆으로 뒤집은 지금입니다.

5 오른쪽 모양은 글자가 거울에 비친 것입니다. 거울에 비치기 전 모양을 그려 보세요.

DOG / 거울에 비치기 전 모양 / 거울에 비친 모양

풀이 거울에 비친 모양은 옆으로 뒤집었을 때의 모양과 같습니다.
따라서 거울에 비치기 전 모양은 거울에 비친 모양을 옆으로 뒤집은 DOG입니다.

4 평면도형의 이동

64~65쪽

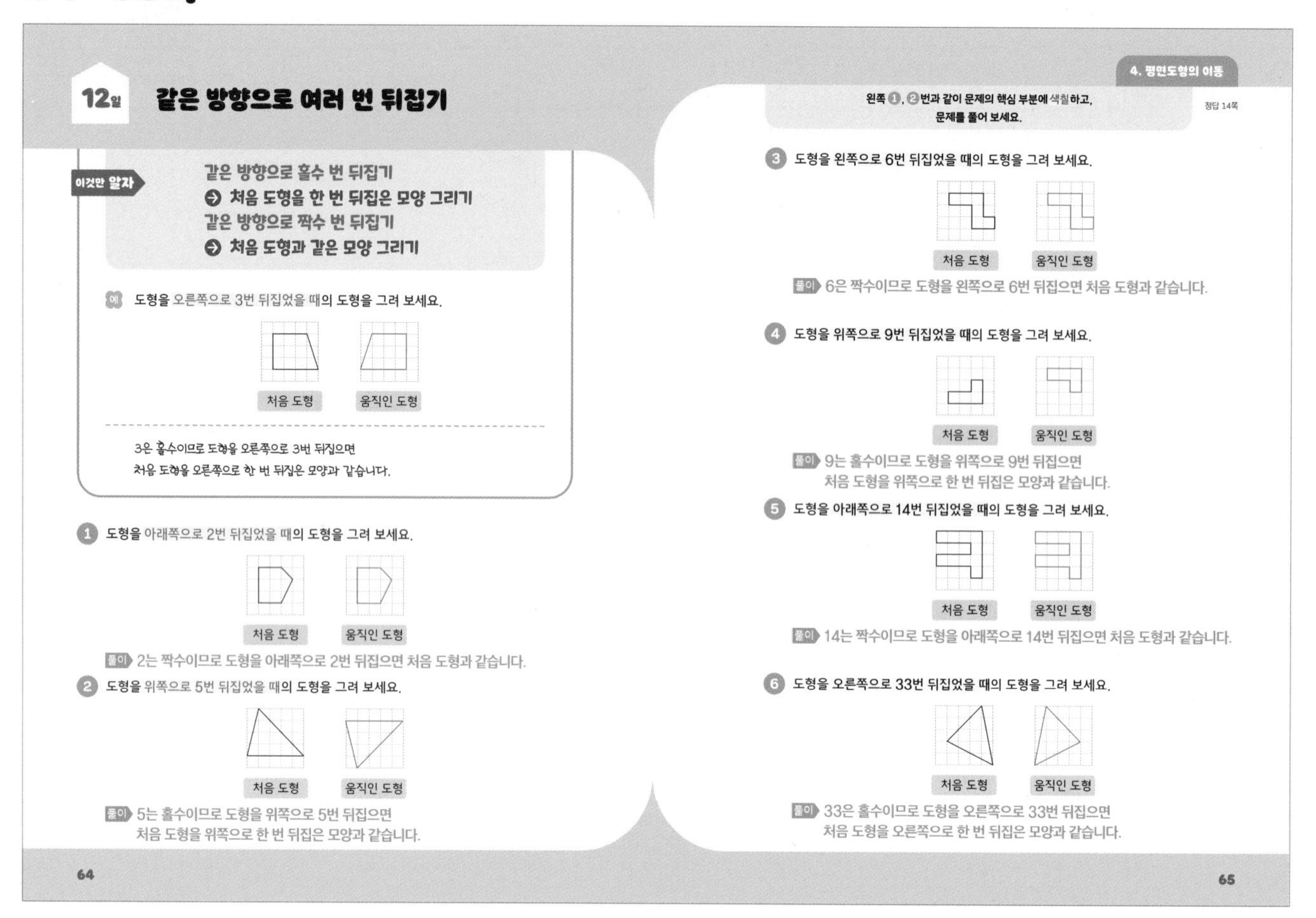

12일 같은 방향으로 여러 번 뒤집기

4. 평면도형의 이동

이것만 알자

같은 방향으로 홀수 번 뒤집기
➔ 처음 도형을 한 번 뒤집은 모양 그리기
같은 방향으로 짝수 번 뒤집기
➔ 처음 도형과 같은 모양 그리기

예 도형을 오른쪽으로 3번 뒤집었을 때의 도형을 그려 보세요.

처음 도형 / 움직인 도형

3은 홀수이므로 도형을 오른쪽으로 3번 뒤집으면
처음 도형을 오른쪽으로 한 번 뒤집은 모양과 같습니다.

1 도형을 아래쪽으로 2번 뒤집었을 때의 도형을 그려 보세요.

처음 도형 / 움직인 도형

풀이 2는 짝수이므로 도형을 아래쪽으로 2번 뒤집으면 처음 도형과 같습니다.

2 도형을 위쪽으로 5번 뒤집었을 때의 도형을 그려 보세요.

처음 도형 / 움직인 도형

풀이 5는 홀수이므로 도형을 위쪽으로 5번 뒤집으면
처음 도형을 위쪽으로 한 번 뒤집은 모양과 같습니다.

왼쪽 1, 2번과 같이 문제의 핵심 부분에 색칠하고,
문제를 풀어 보세요.

정답 14쪽

3 도형을 왼쪽으로 6번 뒤집었을 때의 도형을 그려 보세요.

처음 도형 / 움직인 도형

풀이 6은 짝수이므로 도형을 왼쪽으로 6번 뒤집으면 처음 도형과 같습니다.

4 도형을 위쪽으로 9번 뒤집었을 때의 도형을 그려 보세요.

처음 도형 / 움직인 도형

풀이 9는 홀수이므로 도형을 위쪽으로 9번 뒤집으면
처음 도형을 위쪽으로 한 번 뒤집은 모양과 같습니다.

5 도형을 아래쪽으로 14번 뒤집었을 때의 도형을 그려 보세요.

처음 도형 / 움직인 도형

풀이 14는 짝수이므로 도형을 아래쪽으로 14번 뒤집으면 처음 도형과 같습니다.

6 도형을 오른쪽으로 33번 뒤집었을 때의 도형을 그려 보세요.

처음 도형 / 움직인 도형

풀이 33은 홀수이므로 도형을 오른쪽으로 33번 뒤집으면
처음 도형을 오른쪽으로 한 번 뒤집은 모양과 같습니다.

64 65

66~67쪽

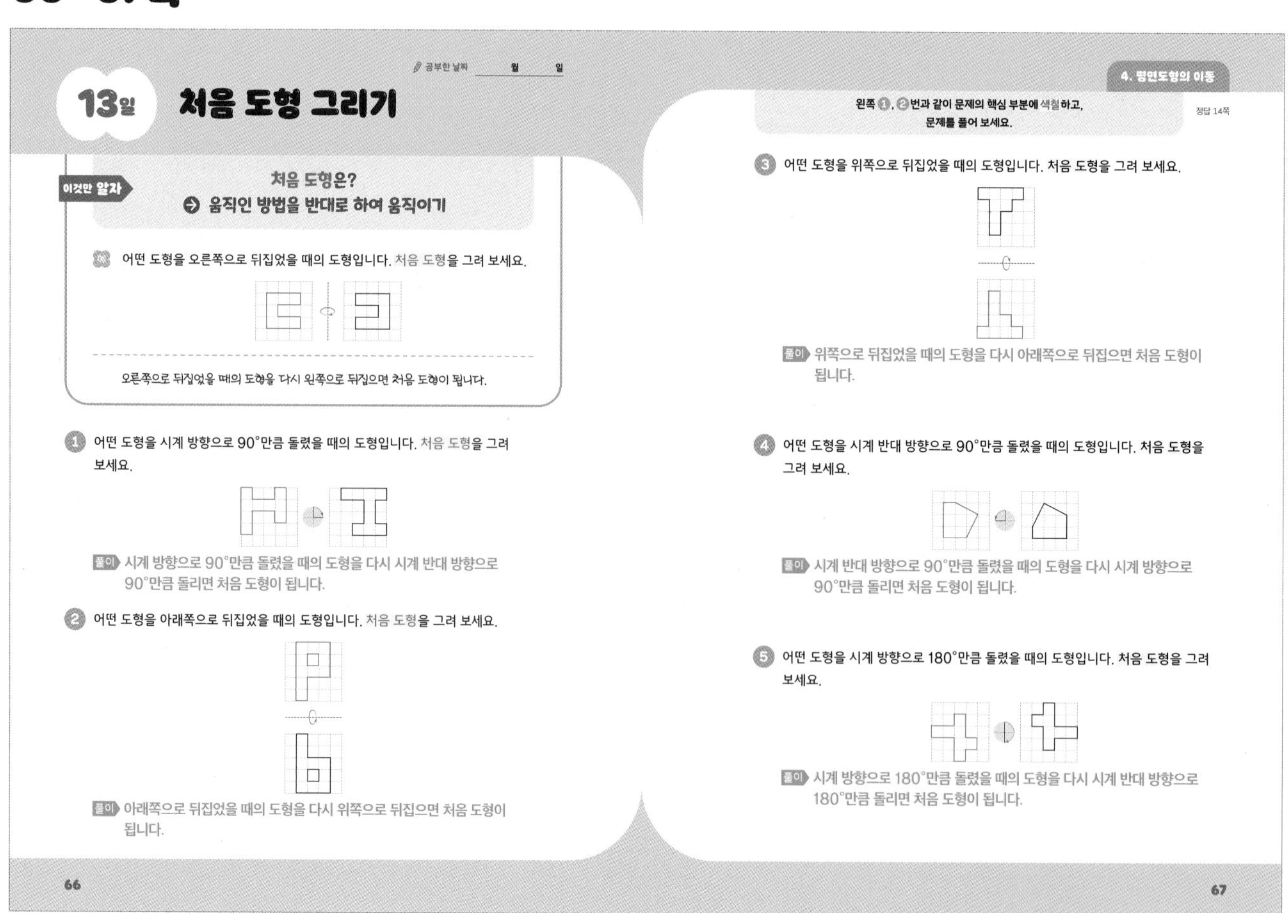

공부한 날짜 월 일

13일 처음 도형 그리기

4. 평면도형의 이동

이것만 알자

처음 도형은?
➔ 움직인 방법을 반대로 하여 움직이기

예 어떤 도형을 오른쪽으로 뒤집었을 때의 도형입니다. 처음 도형을 그려 보세요.

오른쪽으로 뒤집었을 때의 도형을 다시 왼쪽으로 뒤집으면 처음 도형이 됩니다.

1 어떤 도형을 시계 방향으로 90°만큼 돌렸을 때의 도형입니다. 처음 도형을 그려 보세요.

풀이 시계 방향으로 90°만큼 돌렸을 때의 도형을 다시 시계 반대 방향으로
90°만큼 돌리면 처음 도형이 됩니다.

2 어떤 도형을 아래쪽으로 뒤집었을 때의 도형입니다. 처음 도형을 그려 보세요.

풀이 아래쪽으로 뒤집었을 때의 도형을 다시 위쪽으로 뒤집으면 처음 도형이
됩니다.

왼쪽 1, 2번과 같이 문제의 핵심 부분에 색칠하고,
문제를 풀어 보세요.

정답 14쪽

3 어떤 도형을 위쪽으로 뒤집었을 때의 도형입니다. 처음 도형을 그려 보세요.

풀이 위쪽으로 뒤집었을 때의 도형을 다시 아래쪽으로 뒤집으면 처음 도형이
됩니다.

4 어떤 도형을 시계 반대 방향으로 90°만큼 돌렸을 때의 도형입니다. 처음 도형을
그려 보세요.

풀이 시계 반대 방향으로 90°만큼 돌렸을 때의 도형을 다시 시계 방향으로
90°만큼 돌리면 처음 도형이 됩니다.

5 어떤 도형을 시계 방향으로 180°만큼 돌렸을 때의 도형입니다. 처음 도형을 그려
보세요.

풀이 시계 방향으로 180°만큼 돌렸을 때의 도형을 다시 시계 반대 방향으로
180°만큼 돌리면 처음 도형이 됩니다.

66 67

68~69쪽

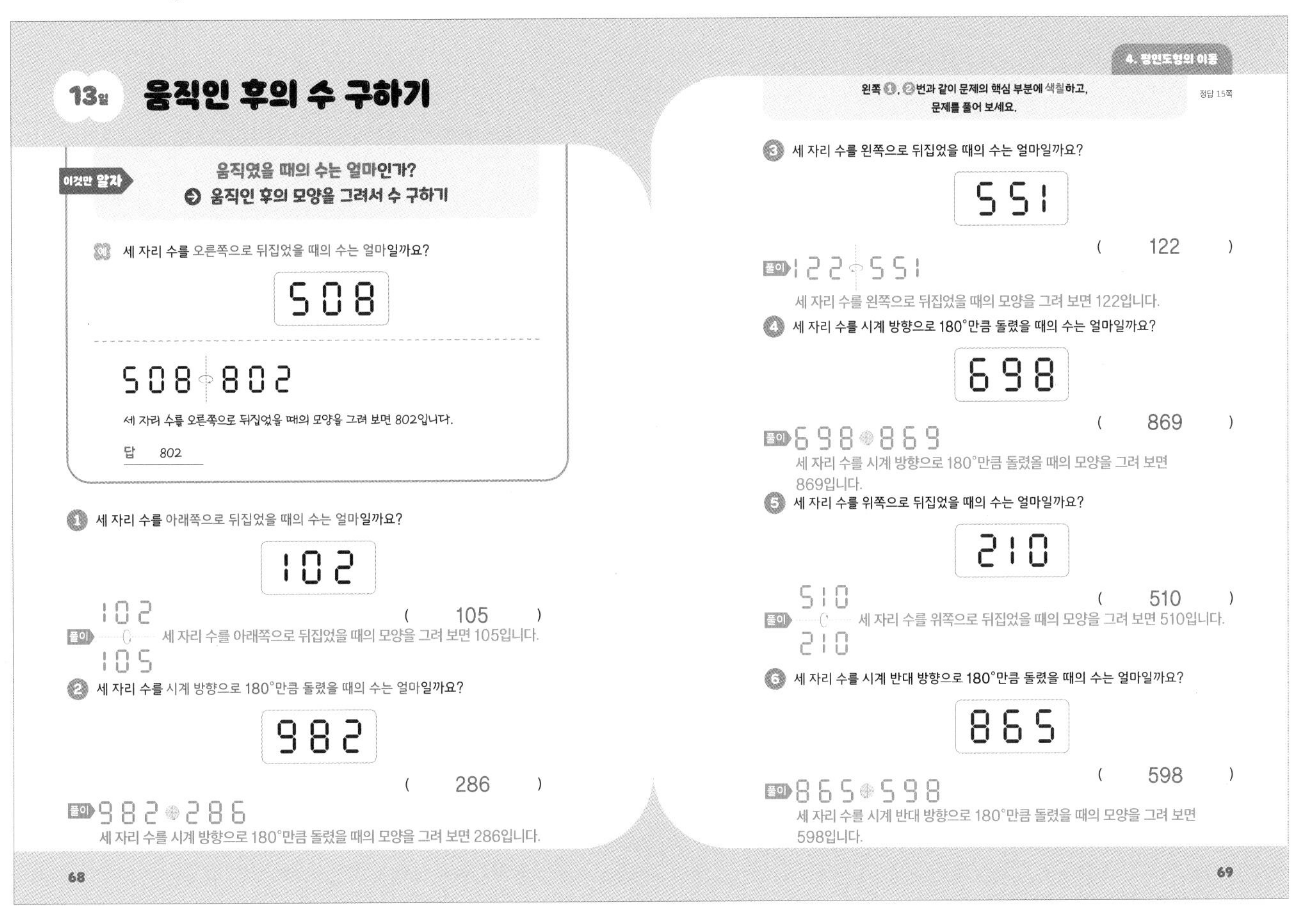

4. 평면도형의 이동

13일 움직인 후의 수 구하기

이것만 알자

움직였을 때의 수는 얼마인가?
➔ 움직인 후의 모양을 그려서 수 구하기

예 세 자리 수를 오른쪽으로 뒤집었을 때의 수는 얼마일까요?

508

508 | 802

세 자리 수를 오른쪽으로 뒤집었을 때의 모양을 그려 보면 802입니다.

답 802

1 세 자리 수를 아래쪽으로 뒤집었을 때의 수는 얼마일까요?

102

(105)

풀이 102 / 105 세 자리 수를 아래쪽으로 뒤집었을 때의 모양을 그려 보면 105입니다.

2 세 자리 수를 시계 방향으로 180°만큼 돌렸을 때의 수는 얼마일까요?

982

(286)

풀이 982 → 286
세 자리 수를 시계 방향으로 180°만큼 돌렸을 때의 모양을 그려 보면 286입니다.

왼쪽 1, 2번과 같이 문제의 핵심 부분에 색칠하고, 문제를 풀어 보세요.

정답 15쪽

3 세 자리 수를 왼쪽으로 뒤집었을 때의 수는 얼마일까요?

551

(122)

풀이 122 | 551
세 자리 수를 왼쪽으로 뒤집었을 때의 모양을 그려 보면 122입니다.

4 세 자리 수를 시계 방향으로 180°만큼 돌렸을 때의 수는 얼마일까요?

698

(869)

풀이 698 → 869
세 자리 수를 시계 방향으로 180°만큼 돌렸을 때의 모양을 그려 보면 869입니다.

5 세 자리 수를 위쪽으로 뒤집었을 때의 수는 얼마일까요?

210

(510)

풀이 510 / 210 세 자리 수를 위쪽으로 뒤집었을 때의 모양을 그려 보면 510입니다.

6 세 자리 수를 시계 반대 방향으로 180°만큼 돌렸을 때의 수는 얼마일까요?

865

(598)

풀이 865 → 598
세 자리 수를 시계 반대 방향으로 180°만큼 돌렸을 때의 모양을 그려 보면 598입니다.

68 69

70~71쪽

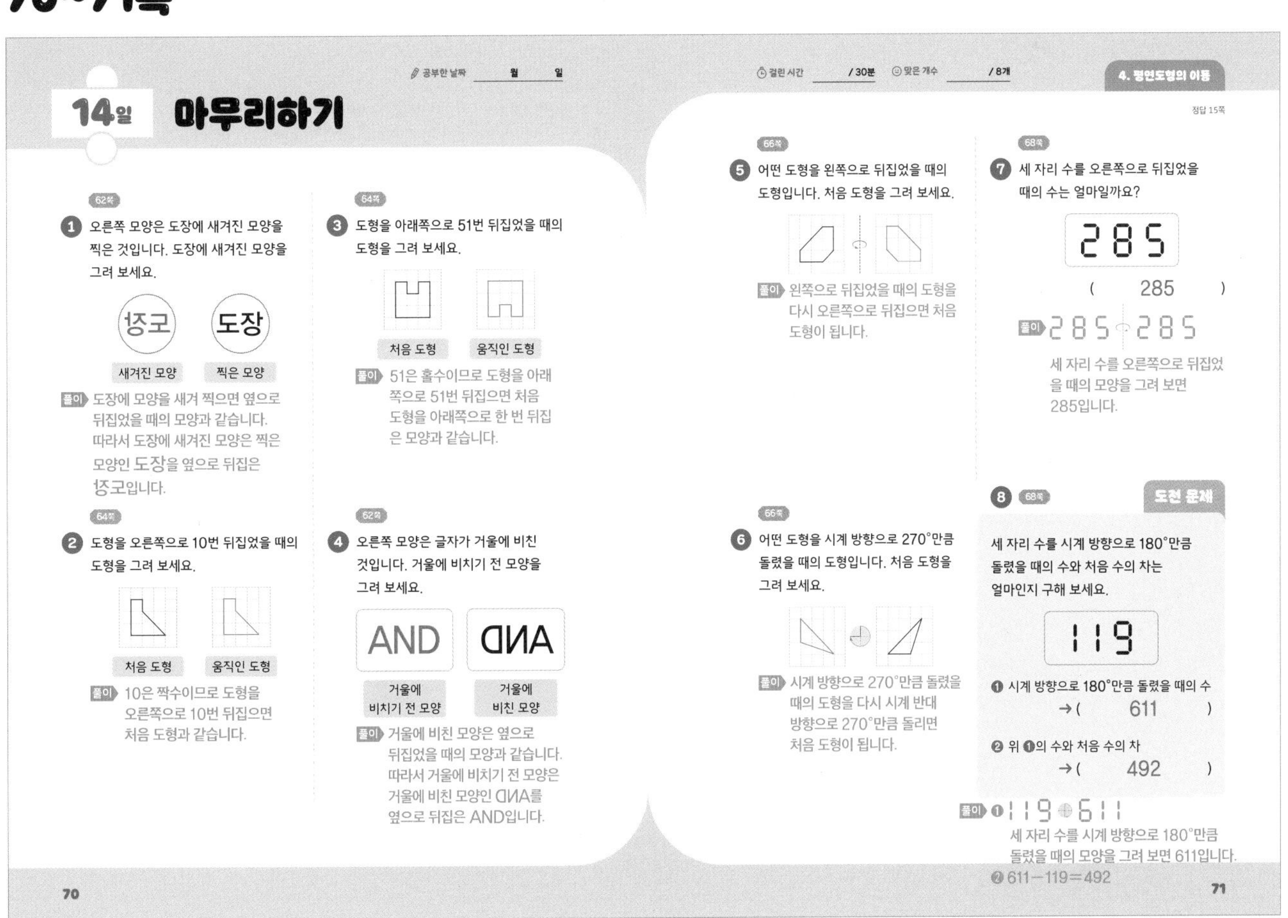

공부한 날짜 월 일 걸린 시간 /30분 맞은 개수 /8개

4. 평면도형의 이동

14일 마무리하기

정답 15쪽

1 (62쪽) 오른쪽 모양은 도장에 새겨진 모양을 찍은 것입니다. 도장에 새겨진 모양을 그려 보세요.

새겨진 모양 / 찍은 모양(도장)

풀이 도장에 모양을 새겨 찍으면 옆으로 뒤집었을 때의 모양과 같습니다. 따라서 도장에 새겨진 모양은 찍은 모양인 도장을 옆으로 뒤집은 모양입니다.

2 (64쪽) 도형을 오른쪽으로 10번 뒤집었을 때의 도형을 그려 보세요.

처음 도형 / 움직인 도형

풀이 10은 짝수이므로 도형을 오른쪽으로 10번 뒤집으면 처음 도형과 같습니다.

3 (64쪽) 도형을 아래쪽으로 51번 뒤집었을 때의 도형을 그려 보세요.

처음 도형 / 움직인 도형

풀이 51은 홀수이므로 도형을 아래쪽으로 51번 뒤집으면 처음 도형을 아래쪽으로 한 번 뒤집은 모양과 같습니다.

4 (62쪽) 오른쪽 모양은 글자가 거울에 비친 것입니다. 거울에 비치기 전 모양을 그려 보세요.

AND / ANA(거울에 비친 AND)

거울에 비치기 전 모양 / 거울에 비친 모양

풀이 거울에 비친 모양은 옆으로 뒤집었을 때의 모양과 같습니다. 따라서 거울에 비치기 전 모양은 거울에 비친 모양을 옆으로 뒤집은 AND입니다.

5 (66쪽) 어떤 도형을 왼쪽으로 뒤집었을 때의 도형입니다. 처음 도형을 그려 보세요.

풀이 왼쪽으로 뒤집었을 때의 도형을 다시 오른쪽으로 뒤집으면 처음 도형이 됩니다.

6 (66쪽) 어떤 도형을 시계 방향으로 270°만큼 돌렸을 때의 도형입니다. 처음 도형을 그려 보세요.

풀이 시계 방향으로 270°만큼 돌렸을 때의 도형을 다시 시계 반대 방향으로 270°만큼 돌리면 처음 도형이 됩니다.

7 (68쪽) 세 자리 수를 오른쪽으로 뒤집었을 때의 수는 얼마일까요?

285

(285)

풀이 285 | 285
세 자리 수를 오른쪽으로 뒤집었을 때의 모양을 그려 보면 285입니다.

8 (68쪽) 도전 문제

세 자리 수를 시계 방향으로 180°만큼 돌렸을 때의 수와 처음 수의 차는 얼마인지 구해 보세요.

119

❶ 시계 방향으로 180°만큼 돌렸을 때의 수
→ (611)

❷ 위 ❶의 수와 처음 수의 차
→ (492)

풀이 ❶ 119 → 611
세 자리 수를 시계 방향으로 180°만큼 돌렸을 때의 모양을 그려 보면 611입니다.
❷ 611−119=492

70 71

5 막대그래프

74~75쪽

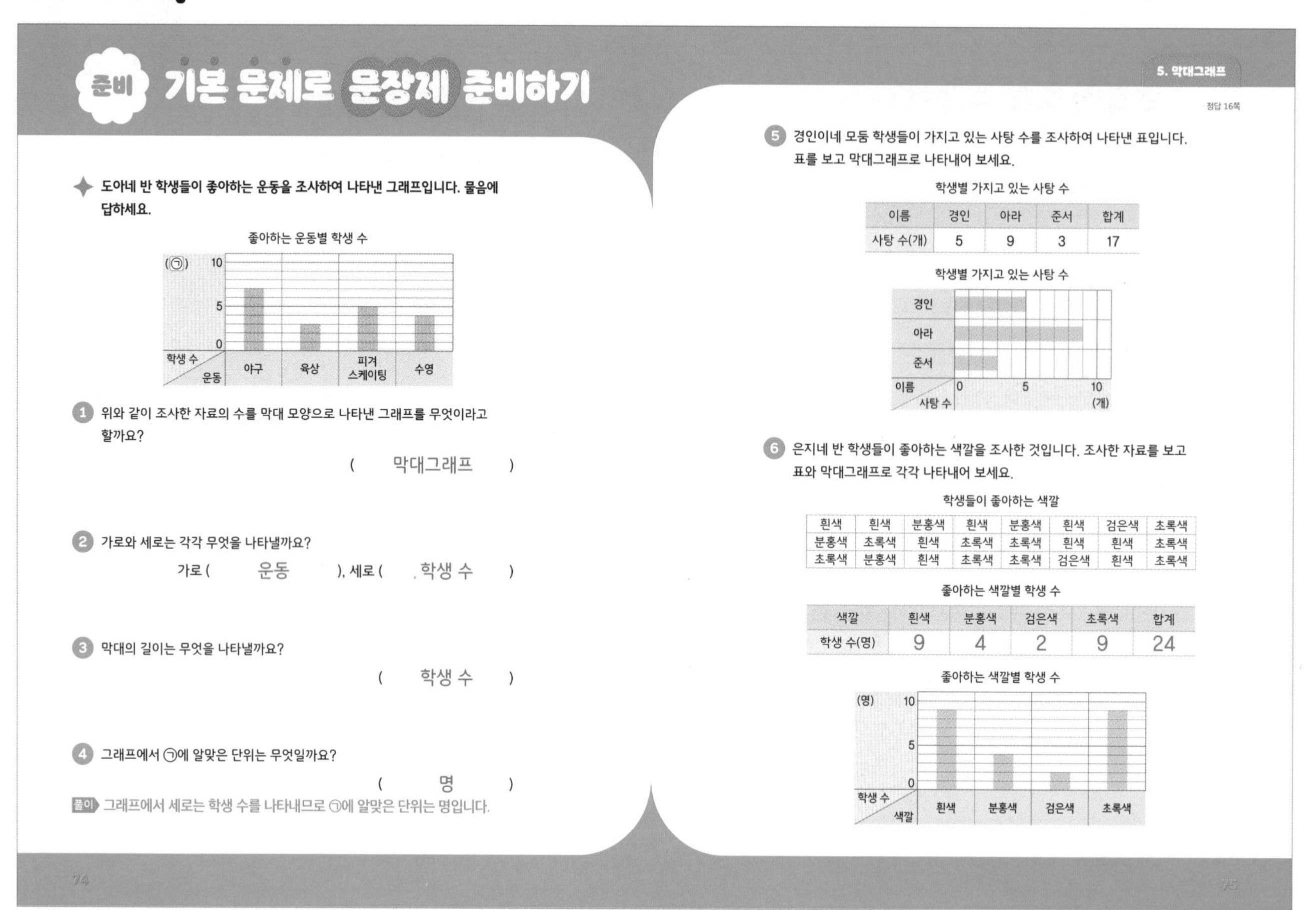

준비 기본 문제로 문장제 준비하기

5. 막대그래프

정답 16쪽

✦ 도아네 반 학생들이 좋아하는 운동을 조사하여 나타낸 그래프입니다. 물음에 답하세요.

좋아하는 운동별 학생 수

1 위와 같이 조사한 자료의 수를 막대 모양으로 나타낸 그래프를 무엇이라고 할까요?

(막대그래프)

2 가로와 세로는 각각 무엇을 나타낼까요?

가로 (운동), 세로 (학생 수)

3 막대의 길이는 무엇을 나타낼까요?

(학생 수)

4 그래프에서 ㉠에 알맞은 단위는 무엇일까요?

(명)

풀이 그래프에서 세로는 학생 수를 나타내므로 ㉠에 알맞은 단위는 명입니다.

5 경인이네 모둠 학생들이 가지고 있는 사탕 수를 조사하여 나타낸 표입니다. 표를 보고 막대그래프로 나타내어 보세요.

학생별 가지고 있는 사탕 수

이름	경인	아라	준서	합계
사탕 수(개)	5	9	3	17

학생별 가지고 있는 사탕 수

6 은지네 반 학생들이 좋아하는 색깔을 조사한 것입니다. 조사한 자료를 보고 표와 막대그래프로 각각 나타내어 보세요.

학생들이 좋아하는 색깔

흰색	흰색	분홍색	흰색	분홍색	흰색	검은색	초록색
분홍색	초록색	흰색	초록색	초록색	흰색	흰색	초록색
초록색	분홍색	흰색	초록색	초록색	검은색	흰색	초록색

좋아하는 색깔별 학생 수

색깔	흰색	분홍색	검은색	초록색	합계
학생 수(명)	9	4	2	9	24

좋아하는 색깔별 학생 수

74 75

76~77쪽

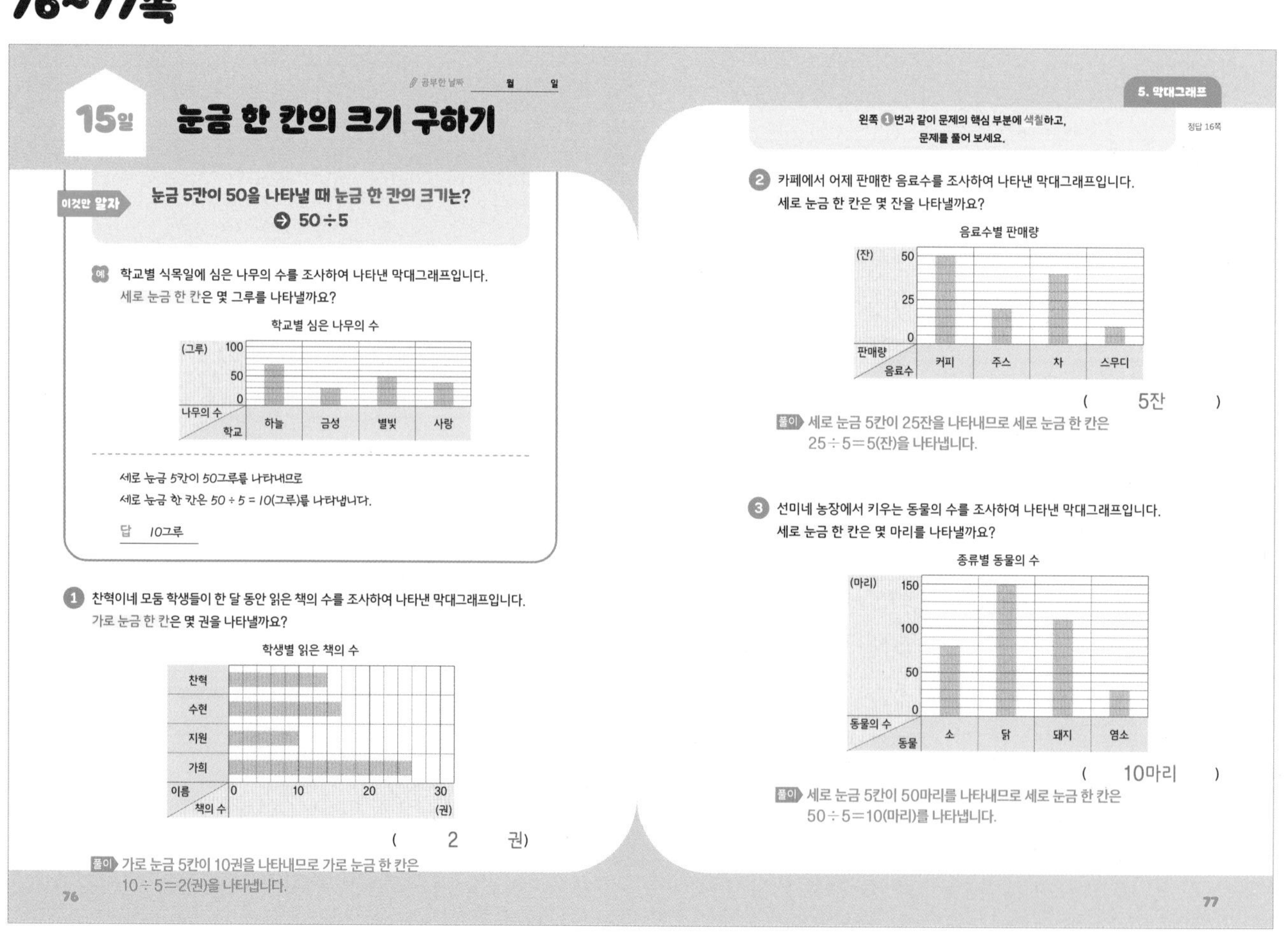

공부한 날짜 월 일

15일 눈금 한 칸의 크기 구하기

5. 막대그래프

정답 16쪽

이것만 알자 눈금 5칸이 50을 나타낼 때 눈금 한 칸의 크기는?
➔ 50÷5

예 학교별 식목일에 심은 나무의 수를 조사하여 나타낸 막대그래프입니다. 세로 눈금 한 칸은 몇 그루를 나타낼까요?

학교별 심은 나무의 수

세로 눈금 5칸이 50그루를 나타내므로
세로 눈금 한 칸은 50 ÷ 5 = 10(그루)를 나타냅니다.

답 10그루

1 찬혁이네 모둠 학생들이 한 달 동안 읽은 책의 수를 조사하여 나타낸 막대그래프입니다. 가로 눈금 한 칸은 몇 권을 나타낼까요?

학생별 읽은 책의 수

(2 권)

풀이 가로 눈금 5칸이 10권을 나타내므로 가로 눈금 한 칸은 10÷5=2(권)을 나타냅니다.

왼쪽 1번과 같이 문제의 핵심 부분에 색칠하고, 문제를 풀어 보세요.

2 카페에서 어제 판매한 음료수를 조사하여 나타낸 막대그래프입니다. 세로 눈금 한 칸은 몇 잔을 나타낼까요?

음료수별 판매량

(5잔)

풀이 세로 눈금 5칸이 25잔을 나타내므로 세로 눈금 한 칸은 25÷5=5(잔)을 나타냅니다.

3 선미네 농장에서 키우는 동물의 수를 조사하여 나타낸 막대그래프입니다. 세로 눈금 한 칸은 몇 마리를 나타낼까요?

종류별 동물의 수

(10마리)

풀이 세로 눈금 5칸이 50마리를 나타내므로 세로 눈금 한 칸은 50÷5=10(마리)를 나타냅니다.

76 77

78~79쪽

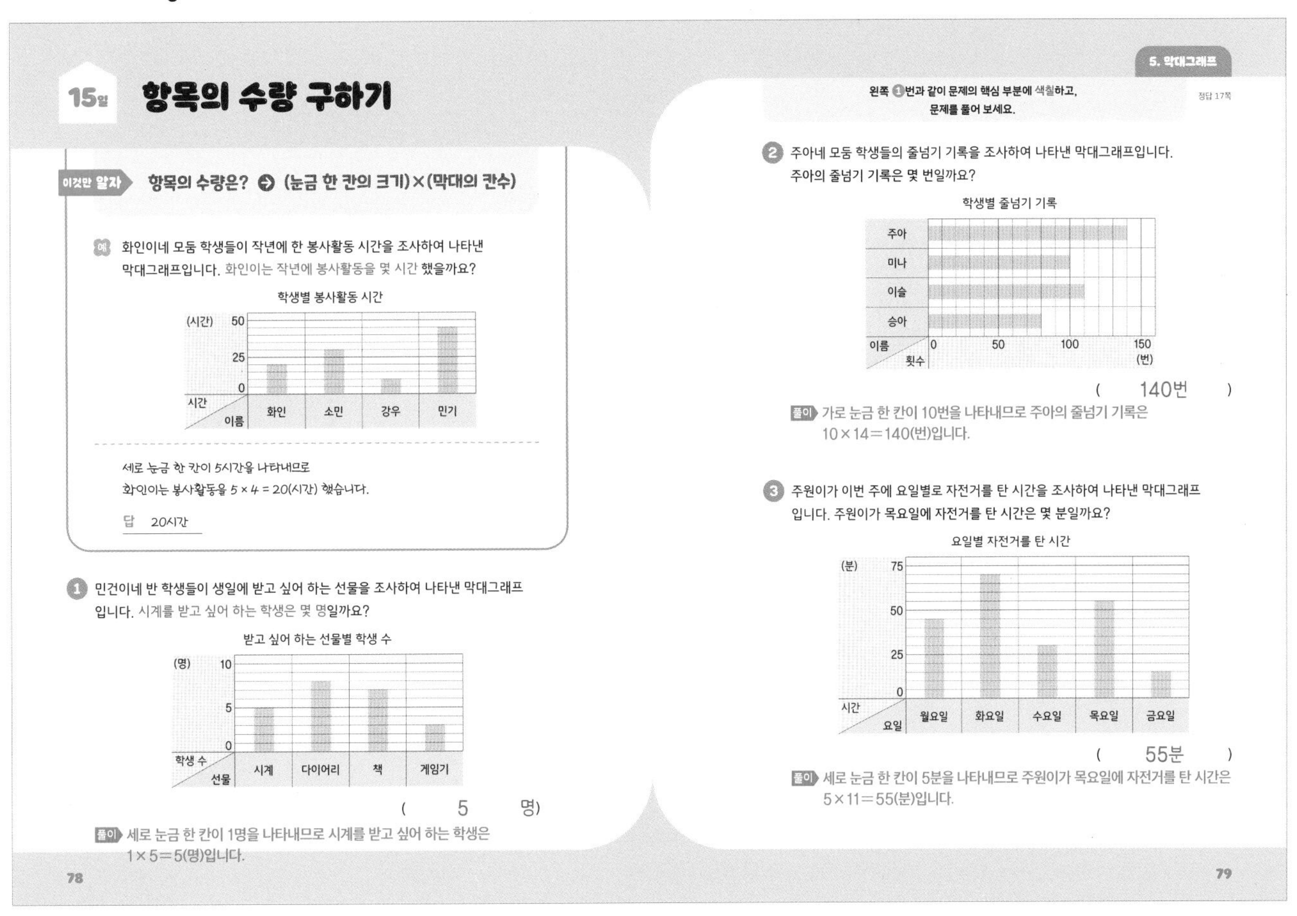

5. 막대그래프

15일 항목의 수량 구하기

이것만 알자 항목의 수량은? ➔ (눈금 한 칸의 크기)×(막대의 칸수)

예 화인이네 모둠 학생들이 작년에 한 봉사활동 시간을 조사하여 나타낸 막대그래프입니다. 화인이는 작년에 봉사활동을 몇 시간 했을까요?

세로 눈금 한 칸이 5시간을 나타내므로
화인이는 봉사활동을 5×4=20(시간) 했습니다.

답 20시간

1 민건이네 반 학생들이 생일에 받고 싶어 하는 선물을 조사하여 나타낸 막대그래프입니다. 시계를 받고 싶어 하는 학생은 몇 명일까요?

(5 명)

풀이 세로 눈금 한 칸이 1명을 나타내므로 시계를 받고 싶어 하는 학생은 1×5=5(명)입니다.

왼쪽 1번과 같이 문제의 핵심 부분에 색칠하고, 문제를 풀어 보세요.

정답 17쪽

2 주아네 모둠 학생들의 줄넘기 기록을 조사하여 나타낸 막대그래프입니다. 주아의 줄넘기 기록은 몇 번일까요?

(140번)

풀이 가로 눈금 한 칸이 10번을 나타내므로 주아의 줄넘기 기록은 10×14=140(번)입니다.

3 주원이가 이번 주에 요일별로 자전거를 탄 시간을 조사하여 나타낸 막대그래프입니다. 주원이가 목요일에 자전거를 탄 시간은 몇 분일까요?

(55분)

풀이 세로 눈금 한 칸이 5분을 나타내므로 주원이가 목요일에 자전거를 탄 시간은 5×11=55(분)입니다.

78 79

80~81쪽

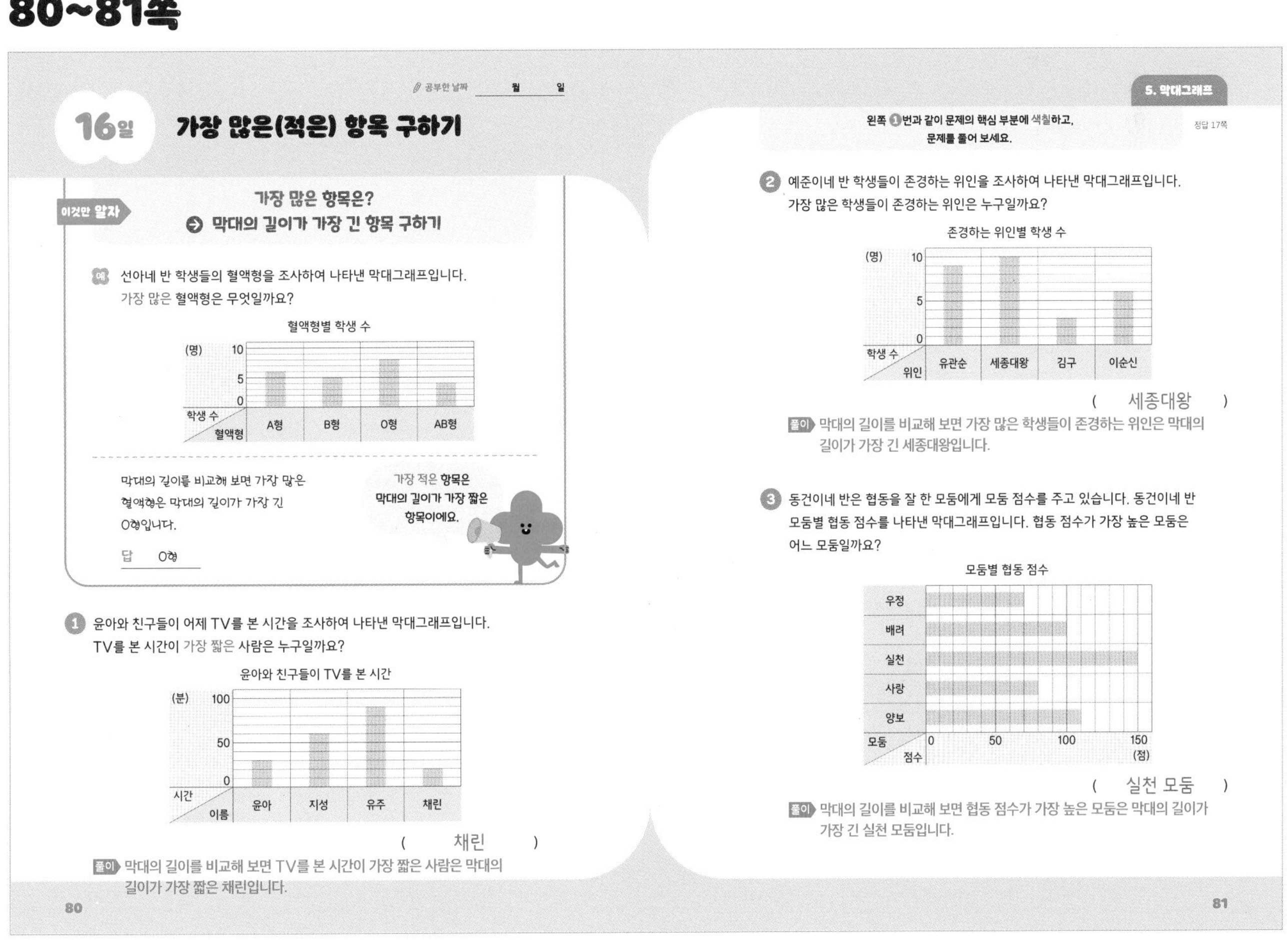

공부한 날짜 월 일

5. 막대그래프

16일 가장 많은(적은) 항목 구하기

이것만 알자 가장 많은 항목은? ➔ 막대의 길이가 가장 긴 항목 구하기

예 선아네 반 학생들의 혈액형을 조사하여 나타낸 막대그래프입니다. 가장 많은 혈액형은 무엇일까요?

막대의 길이를 비교해 보면 가장 많은 혈액형은 막대의 길이가 가장 긴 O형입니다.

답 O형

가장 적은 항목은 막대의 길이가 가장 짧은 항목이에요.

1 윤아와 친구들이 어제 TV를 본 시간을 조사하여 나타낸 막대그래프입니다. TV를 본 시간이 가장 짧은 사람은 누구일까요?

(채린)

풀이 막대의 길이를 비교해 보면 TV를 본 시간이 가장 짧은 사람은 막대의 길이가 가장 짧은 채린입니다.

왼쪽 1번과 같이 문제의 핵심 부분에 색칠하고, 문제를 풀어 보세요.

정답 17쪽

2 예준이네 반 학생들이 존경하는 위인을 조사하여 나타낸 막대그래프입니다. 가장 많은 학생들이 존경하는 위인은 누구일까요?

(세종대왕)

풀이 막대의 길이를 비교해 보면 가장 많은 학생들이 존경하는 위인은 막대의 길이가 가장 긴 세종대왕입니다.

3 동건이네 반은 협동을 잘 한 모둠에게 모둠 점수를 주고 있습니다. 동건이네 반 모둠별 협동 점수를 나타낸 막대그래프입니다. 협동 점수가 가장 높은 모둠은 어느 모둠일까요?

(실천 모둠)

풀이 막대의 길이를 비교해 보면 협동 점수가 가장 높은 모둠은 막대의 길이가 가장 긴 실천 모둠입니다.

80 81

5 막대그래프

82~83쪽

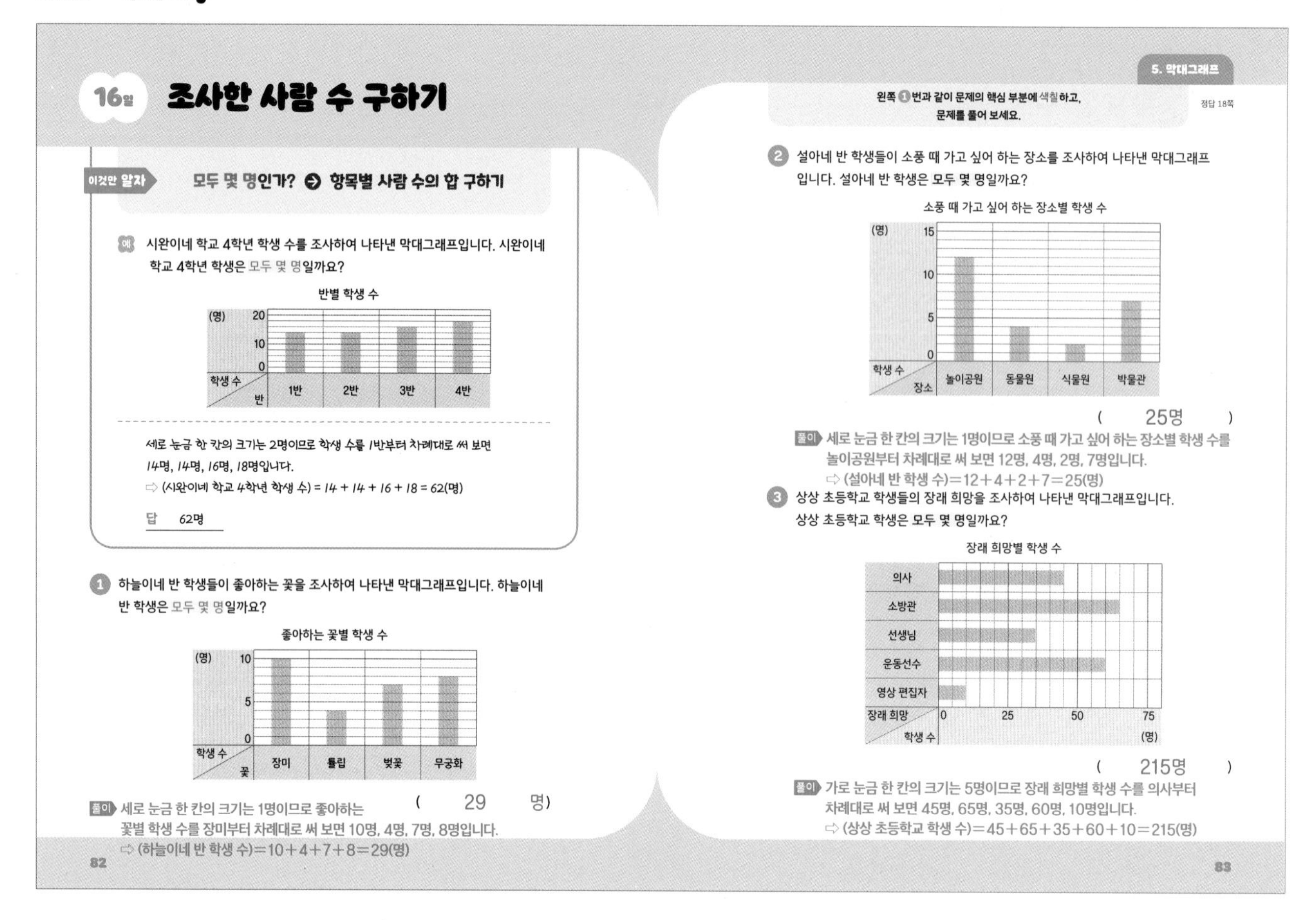

16일 조사한 사람 수 구하기

이것만 알자 모두 몇 명인가? ➔ 항목별 사람 수의 합 구하기

예 시완이네 학교 4학년 학생 수를 조사하여 나타낸 막대그래프입니다. 시완이네 학교 4학년 학생은 모두 몇 명일까요?

반별 학생 수

세로 눈금 한 칸의 크기는 2명이므로 학생 수를 1반부터 차례대로 써 보면 14명, 14명, 16명, 18명입니다.
⇨ (시완이네 학교 4학년 학생 수) = 14 + 14 + 16 + 18 = 62(명)

답 62명

1 하늘이네 반 학생들이 좋아하는 꽃을 조사하여 나타낸 막대그래프입니다. 하늘이네 반 학생은 모두 몇 명일까요?

좋아하는 꽃별 학생 수

(29 명)

풀이 세로 눈금 한 칸의 크기는 1명이므로 좋아하는 꽃별 학생 수를 장미부터 차례대로 써 보면 10명, 4명, 7명, 8명입니다.
⇨ (하늘이네 반 학생 수)=10+4+7+8=29(명)

왼쪽 1번과 같이 문제의 핵심 부분에 색칠하고, 문제를 풀어 보세요.

정답 18쪽

2 설아네 반 학생들이 소풍 때 가고 싶어 하는 장소를 조사하여 나타낸 막대그래프입니다. 설아네 반 학생은 모두 몇 명일까요?

소풍 때 가고 싶어 하는 장소별 학생 수

(25명)

풀이 세로 눈금 한 칸의 크기는 1명이므로 소풍 때 가고 싶어 하는 장소별 학생 수를 놀이공원부터 차례대로 써 보면 12명, 4명, 2명, 7명입니다.
⇨ (설아네 반 학생 수)=12+4+2+7=25(명)

3 상상 초등학교 학생들의 장래 희망을 조사하여 나타낸 막대그래프입니다. 상상 초등학교 학생은 모두 몇 명일까요?

장래 희망별 학생 수

(215명)

풀이 가로 눈금 한 칸의 크기는 5명이므로 장래 희망별 학생 수를 의사부터 차례대로 써 보면 45명, 65명, 35명, 60명, 10명입니다.
⇨ (상상 초등학교 학생 수)=45+65+35+60+10=215(명)

84~85쪽

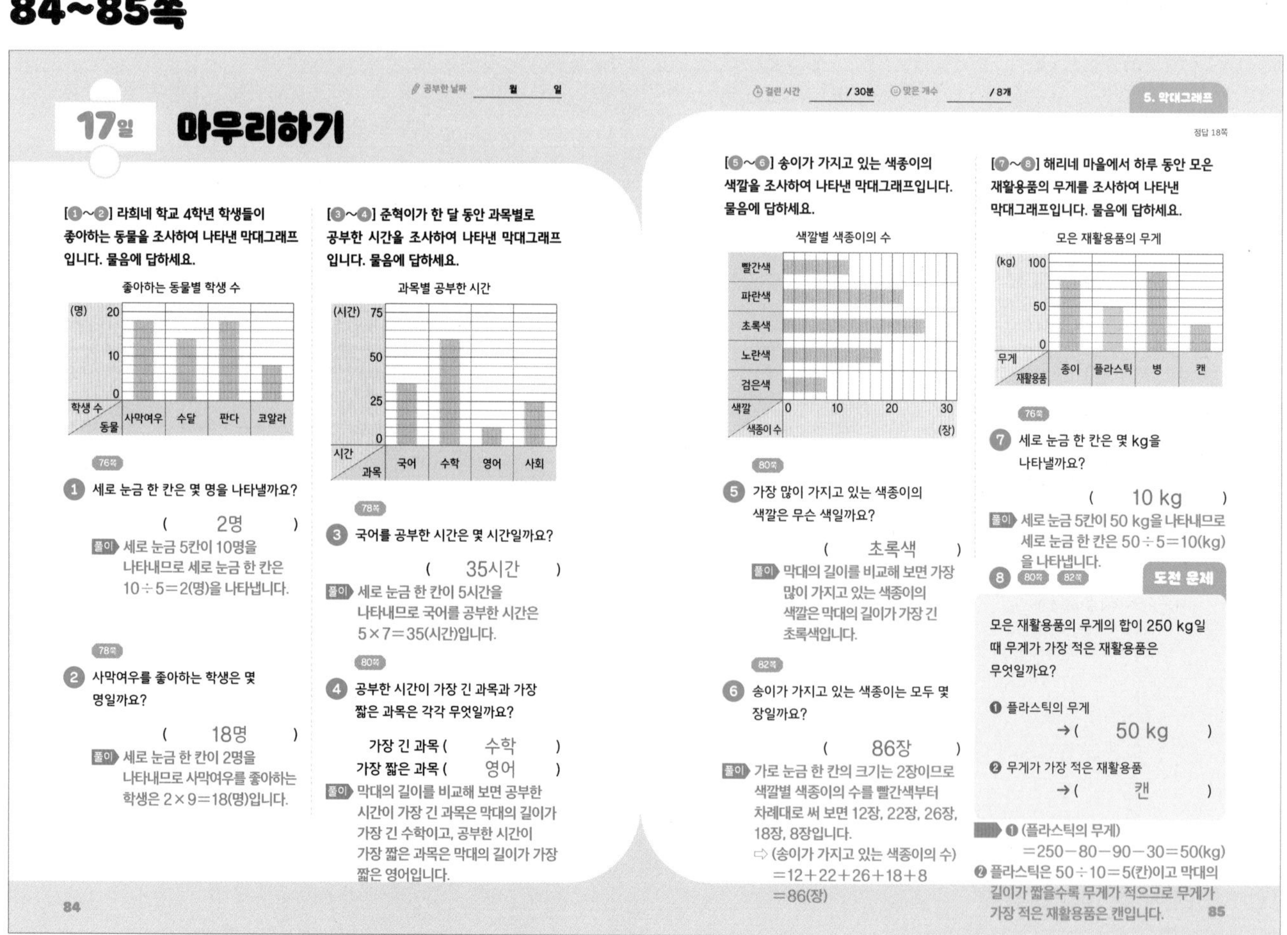

17일 마무리하기

정답 18쪽

[1~2] 라희네 학교 4학년 학생들이 좋아하는 동물을 조사하여 나타낸 막대그래프입니다. 물음에 답하세요.

좋아하는 동물별 학생 수

76쪽

1 세로 눈금 한 칸은 몇 명을 나타낼까요?

(2명)

풀이 세로 눈금 5칸이 10명을 나타내므로 세로 눈금 한 칸은 10÷5=2(명)을 나타냅니다.

78쪽

2 사막여우를 좋아하는 학생은 몇 명일까요?

(18명)

풀이 세로 눈금 한 칸이 2명을 나타내므로 사막여우를 좋아하는 학생은 2×9=18(명)입니다.

[3~4] 준혁이가 한 달 동안 과목별로 공부한 시간을 조사하여 나타낸 막대그래프입니다. 물음에 답하세요.

과목별 공부한 시간

78쪽

3 국어를 공부한 시간은 몇 시간일까요?

(35시간)

풀이 세로 눈금 한 칸이 5시간을 나타내므로 국어를 공부한 시간은 5×7=35(시간)입니다.

80쪽

4 공부한 시간이 가장 긴 과목과 가장 짧은 과목은 각각 무엇일까요?

가장 긴 과목 (수학)
가장 짧은 과목 (영어)

풀이 막대의 길이를 비교해 보면 공부한 시간이 가장 긴 과목은 막대의 길이가 가장 긴 수학이고, 공부한 시간이 가장 짧은 과목은 막대의 길이가 가장 짧은 영어입니다.

[5~6] 송이가 가지고 있는 색종이의 색깔을 조사하여 나타낸 막대그래프입니다. 물음에 답하세요.

색깔별 색종이의 수

80쪽

5 가장 많이 가지고 있는 색종이의 색깔은 무슨 색일까요?

(초록색)

풀이 막대의 길이를 비교해 보면 가장 많이 가지고 있는 색종이의 색깔은 막대의 길이가 가장 긴 초록색입니다.

82쪽

6 송이가 가지고 있는 색종이는 모두 몇 장일까요?

(86장)

풀이 가로 눈금 한 칸의 크기는 2장이므로 색깔별 색종이의 수를 빨간색부터 차례대로 써 보면 12장, 22장, 26장, 18장, 8장입니다.
⇨ (송이가 가지고 있는 색종이의 수)
=12+22+26+18+8
=86(장)

[7~8] 해리네 마을에서 하루 동안 모은 재활용품의 무게를 조사하여 나타낸 막대그래프입니다. 물음에 답하세요.

모은 재활용품의 무게

76쪽

7 세로 눈금 한 칸은 몇 kg을 나타낼까요?

(10 kg)

풀이 세로 눈금 5칸이 50 kg을 나타내므로 세로 눈금 한 칸은 50÷5=10(kg)을 나타냅니다.

8 80쪽 82쪽 도전 문제

모은 재활용품의 무게의 합이 250 kg일 때 무게가 가장 적은 재활용품은 무엇일까요?

❶ 플라스틱의 무게
→(50 kg)

❷ 무게가 가장 적은 재활용품
→(캔)

풀이 ❶ (플라스틱의 무게)
=250−80−90−30=50(kg)
❷ 플라스틱은 50÷10=5(칸)이고 막대의 길이가 짧을수록 무게가 적으므로 무게가 가장 적은 재활용품은 캔입니다.

6 규칙 찾기

88~89쪽

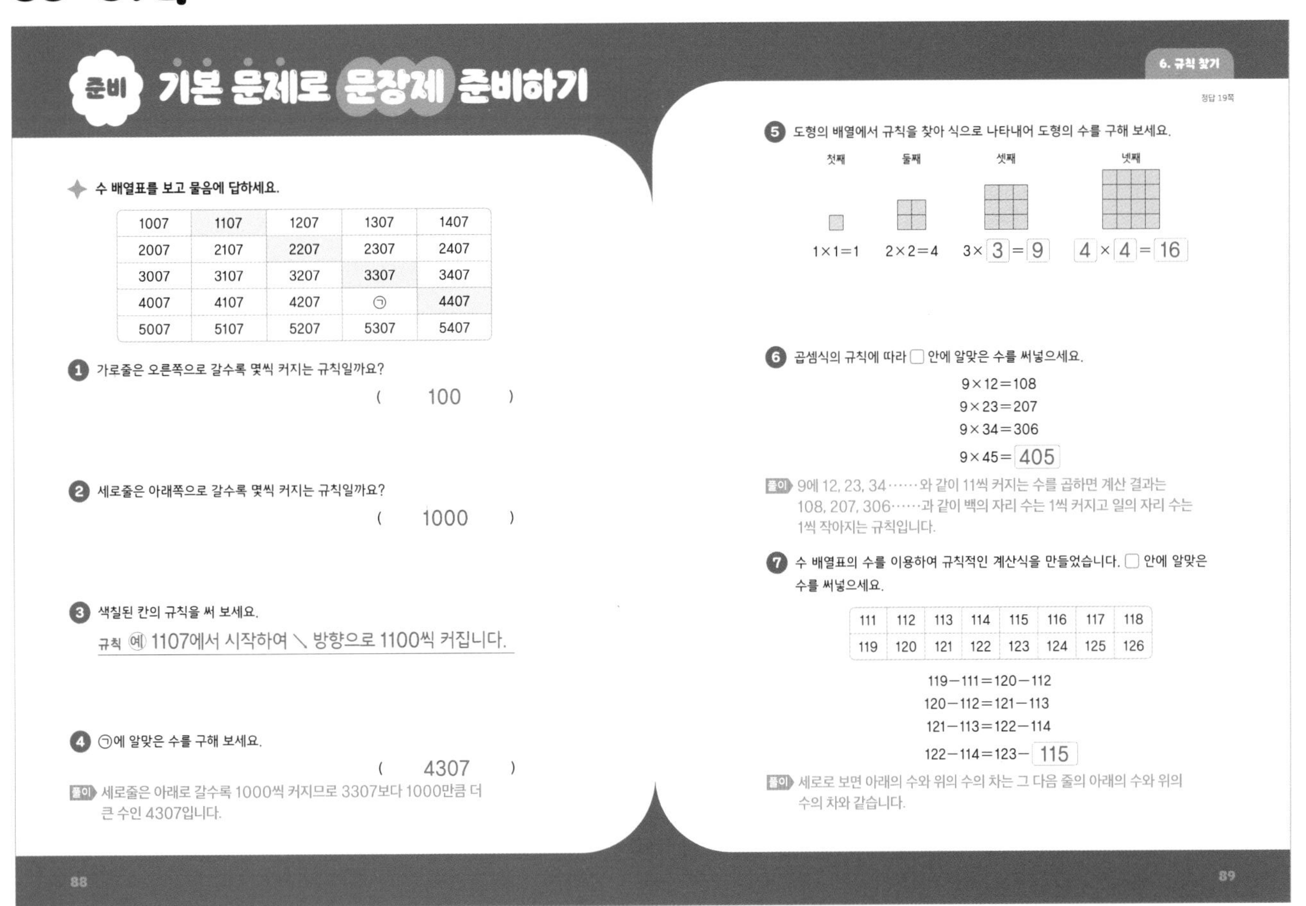

준비 기본 문제로 문장제 준비하기

6. 규칙 찾기

정답 19쪽

✦ 수 배열표를 보고 물음에 답하세요.

1007	1107	1207	1307	1407
2007	2107	2207	2307	2407
3007	3107	3207	3307	3407
4007	4107	4207	㉠	4407
5007	5107	5207	5307	5407

1 가로줄은 오른쪽으로 갈수록 몇씩 커지는 규칙일까요?

(100)

2 세로줄은 아래쪽으로 갈수록 몇씩 커지는 규칙일까요?

(1000)

3 색칠된 칸의 규칙을 써 보세요.

규칙 예 1107에서 시작하여 ＼ 방향으로 1100씩 커집니다.

4 ㉠에 알맞은 수를 구해 보세요.

(4307)

풀이 세로줄은 아래로 갈수록 1000씩 커지므로 3307보다 1000만큼 더 큰 수인 4307입니다.

5 도형의 배열에서 규칙을 찾아 식으로 나타내어 도형의 수를 구해 보세요.

첫째	둘째	셋째	넷째
1×1=1	2×2=4	3×3=9	4×4=16

6 곱셈식의 규칙에 따라 □ 안에 알맞은 수를 써넣으세요.

9×12=108
9×23=207
9×34=306
9×45=405

풀이 9에 12, 23, 34……와 같이 11씩 커지는 수를 곱하면 계산 결과는 108, 207, 306……과 같이 백의 자리 수는 1씩 커지고 일의 자리 수는 1씩 작아지는 규칙입니다.

7 수 배열표의 수를 이용하여 규칙적인 계산식을 만들었습니다. □ 안에 알맞은 수를 써넣으세요.

111	112	113	114	115	116	117	118
119	120	121	122	123	124	125	126

119−111=120−112
120−112=121−113
121−113=122−114
122−114=123−115

풀이 세로로 보면 아래의 수와 위의 수의 차는 그 다음 줄의 아래의 수와 위의 수의 차와 같습니다.

88 89

90~91쪽

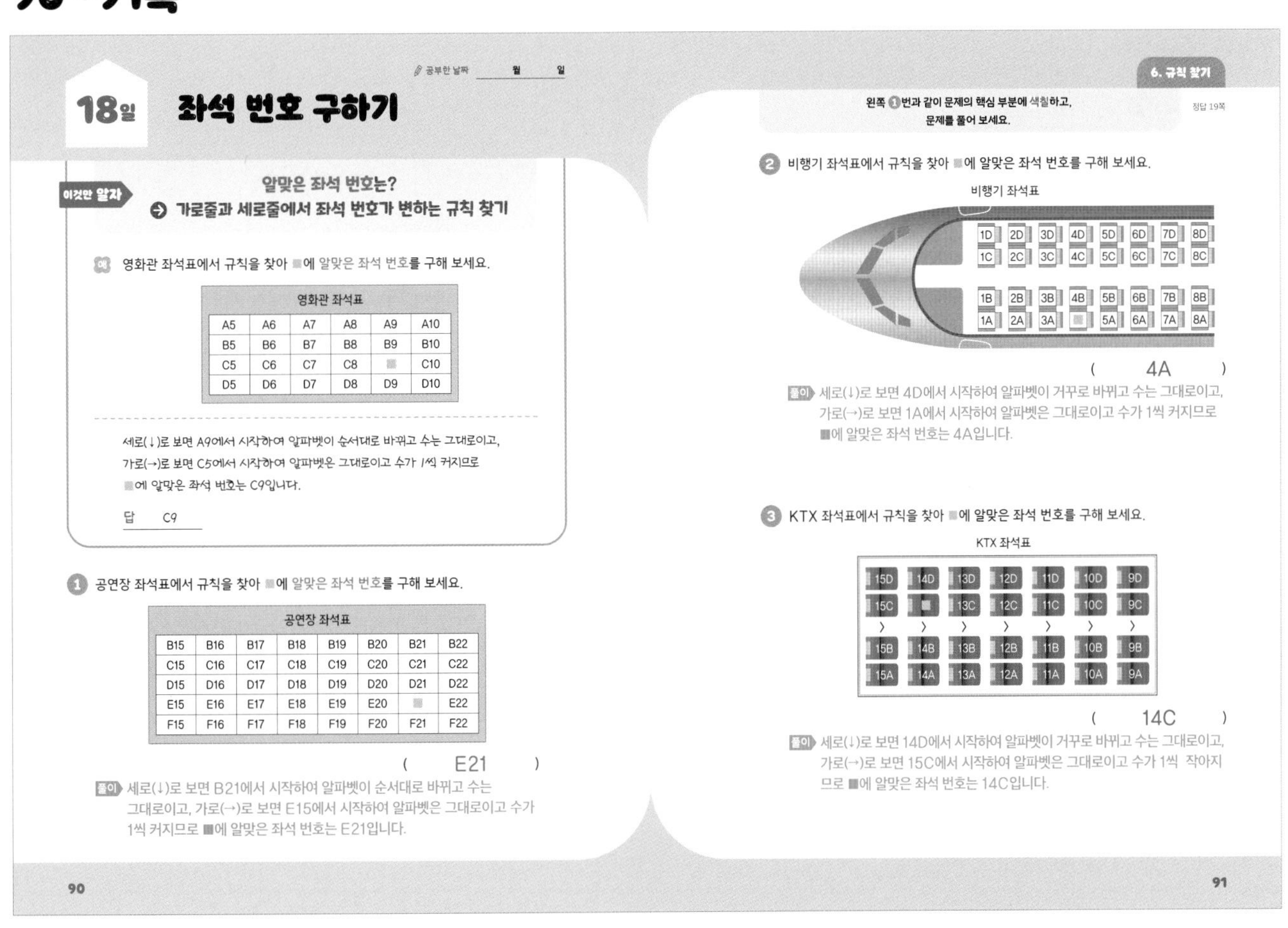

18일 좌석 번호 구하기

공부한 날짜 월 일

6. 규칙 찾기

정답 19쪽

이것만 알자 알맞은 좌석 번호는?
➔ 가로줄과 세로줄에서 좌석 번호가 변하는 규칙 찾기

예 영화관 좌석표에서 규칙을 찾아 ■에 알맞은 좌석 번호를 구해 보세요.

영화관 좌석표

A5	A6	A7	A8	A9	A10
B5	B6	B7	B8	B9	B10
C5	C6	C7	C8	■	C10
D5	D6	D7	D8	D9	D10

세로(↓)로 보면 A9에서 시작하여 알파벳이 순서대로 바뀌고 수는 그대로이고, 가로(→)로 보면 C5에서 시작하여 알파벳은 그대로이고 수가 1씩 커지므로 ■에 알맞은 좌석 번호는 C9입니다.

답 C9

1 공연장 좌석표에서 규칙을 찾아 ■에 알맞은 좌석 번호를 구해 보세요.

공연장 좌석표

B15	B16	B17	B18	B19	B20	B21	B22
C15	C16	C17	C18	C19	C20	C21	C22
D15	D16	D17	D18	D19	D20	D21	D22
E15	E16	E17	E18	E19	E20	■	E22
F15	F16	F17	F18	F19	F20	F21	F22

(E21)

풀이 세로(↓)로 보면 B21에서 시작하여 알파벳이 순서대로 바뀌고 수는 그대로이고, 가로(→)로 보면 E15에서 시작하여 알파벳은 그대로이고 수가 1씩 커지므로 ■에 알맞은 좌석 번호는 E21입니다.

왼쪽 1번과 같이 문제의 핵심 부분에 색칠하고, 문제를 풀어 보세요.

2 비행기 좌석표에서 규칙을 찾아 ■에 알맞은 좌석 번호를 구해 보세요.

비행기 좌석표

1D	2D	3D	4D	5D	6D	7D	8D
1C	2C	3C	4C	5C	6C	7C	8C
1B	2B	3B	4B	5B	6B	7B	8B
1A	2A	3A	■	5A	6A	7A	8A

(4A)

풀이 세로(↓)로 보면 4D에서 시작하여 알파벳이 거꾸로 바뀌고 수는 그대로이고, 가로(→)로 보면 1A에서 시작하여 알파벳은 그대로이고 수가 1씩 커지므로 ■에 알맞은 좌석 번호는 4A입니다.

3 KTX 좌석표에서 규칙을 찾아 ■에 알맞은 좌석 번호를 구해 보세요.

KTX 좌석표

15D	14D	13D	12D	11D	10D	9D
15C	■	13C	12C	11C	10C	9C
15B	14B	13B	12B	11B	10B	9B
15A	14A	13A	12A	11A	10A	9A

(14C)

풀이 세로(↓)로 보면 14D에서 시작하여 알파벳이 거꾸로 바뀌고 수는 그대로이고, 가로(→)로 보면 15C에서 시작하여 알파벳은 그대로이고 수가 1씩 작아지므로 ■에 알맞은 좌석 번호는 14C입니다.

90 91

6 규칙 찾기

92~93쪽

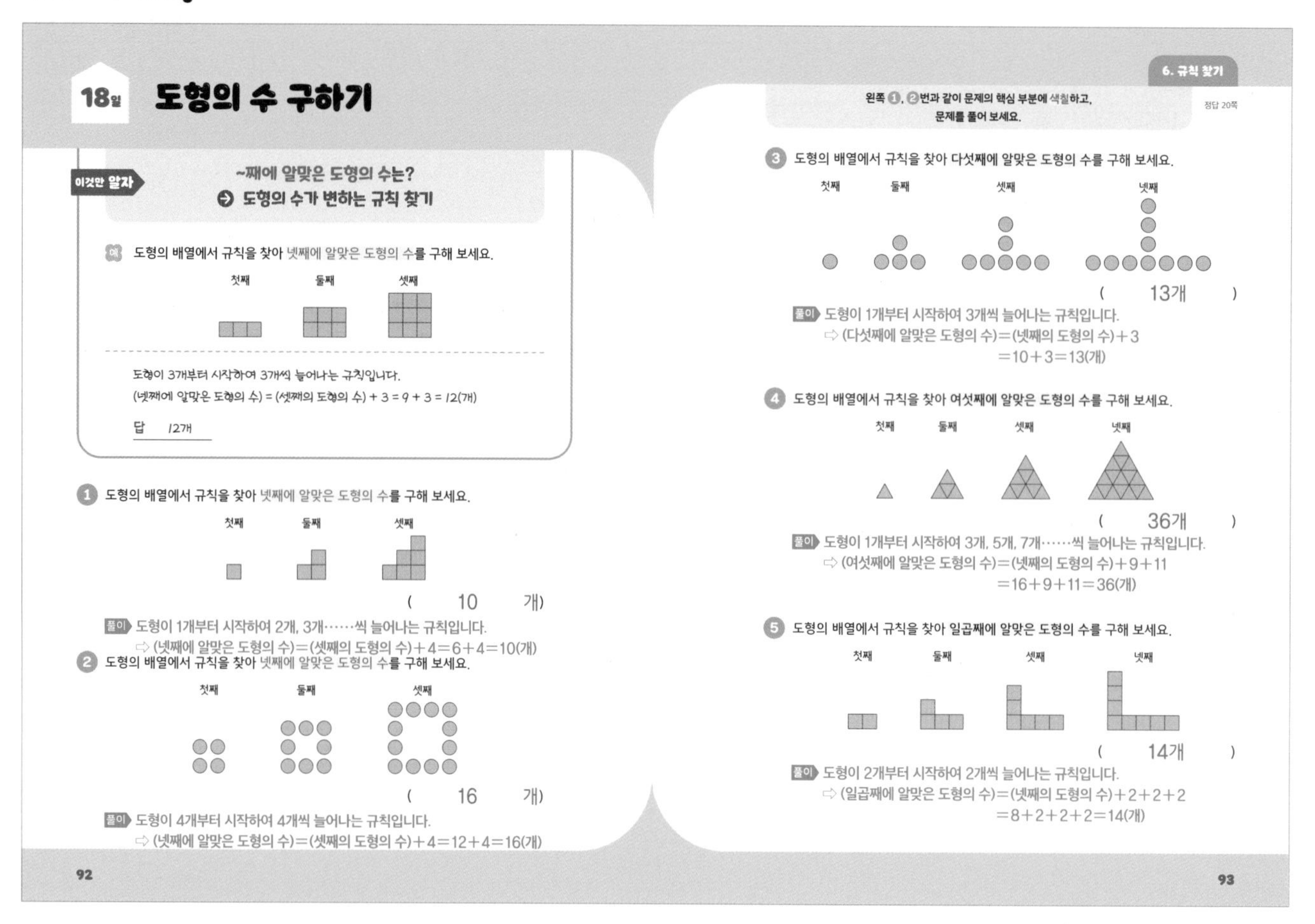

18일 도형의 수 구하기

이것만 알자

~째에 알맞은 도형의 수는?
➲ 도형의 수가 변하는 규칙 찾기

예 도형의 배열에서 규칙을 찾아 넷째에 알맞은 도형의 수를 구해 보세요.

첫째 둘째 셋째

도형이 3개부터 시작하여 3개씩 늘어나는 규칙입니다.
(넷째에 알맞은 도형의 수) = (셋째의 도형의 수) + 3 = 9 + 3 = 12(개)

답 12개

1 도형의 배열에서 규칙을 찾아 넷째에 알맞은 도형의 수를 구해 보세요.

첫째 둘째 셋째

(10 개)

풀이 도형이 1개부터 시작하여 2개, 3개……씩 늘어나는 규칙입니다.
⇨ (넷째에 알맞은 도형의 수)=(셋째의 도형의 수)+4=6+4=10(개)

2 도형의 배열에서 규칙을 찾아 넷째에 알맞은 도형의 수를 구해 보세요.

첫째 둘째 셋째

(16 개)

풀이 도형이 4개부터 시작하여 4개씩 늘어나는 규칙입니다.
⇨ (넷째에 알맞은 도형의 수)=(셋째의 도형의 수)+4=12+4=16(개)

92

6. 규칙 찾기

왼쪽 1, 2번과 같이 문제의 핵심 부분에 색칠하고, 문제를 풀어 보세요.

정답 20쪽

3 도형의 배열에서 규칙을 찾아 다섯째에 알맞은 도형의 수를 구해 보세요.

첫째 둘째 셋째 넷째

(13개)

풀이 도형이 1개부터 시작하여 3개씩 늘어나는 규칙입니다.
⇨ (다섯째에 알맞은 도형의 수)=(넷째의 도형의 수)+3
=10+3=13(개)

4 도형의 배열에서 규칙을 찾아 여섯째에 알맞은 도형의 수를 구해 보세요.

첫째 둘째 셋째 넷째

(36개)

풀이 도형이 1개부터 시작하여 3개, 5개, 7개……씩 늘어나는 규칙입니다.
⇨ (여섯째에 알맞은 도형의 수)=(넷째의 도형의 수)+9+11
=16+9+11=36(개)

5 도형의 배열에서 규칙을 찾아 일곱째에 알맞은 도형의 수를 구해 보세요.

첫째 둘째 셋째 넷째

(14개)

풀이 도형이 2개부터 시작하여 2개씩 늘어나는 규칙입니다.
⇨ (일곱째에 알맞은 도형의 수)=(넷째의 도형의 수)+2+2+2
=8+2+2+2=14(개)

93

94~95쪽

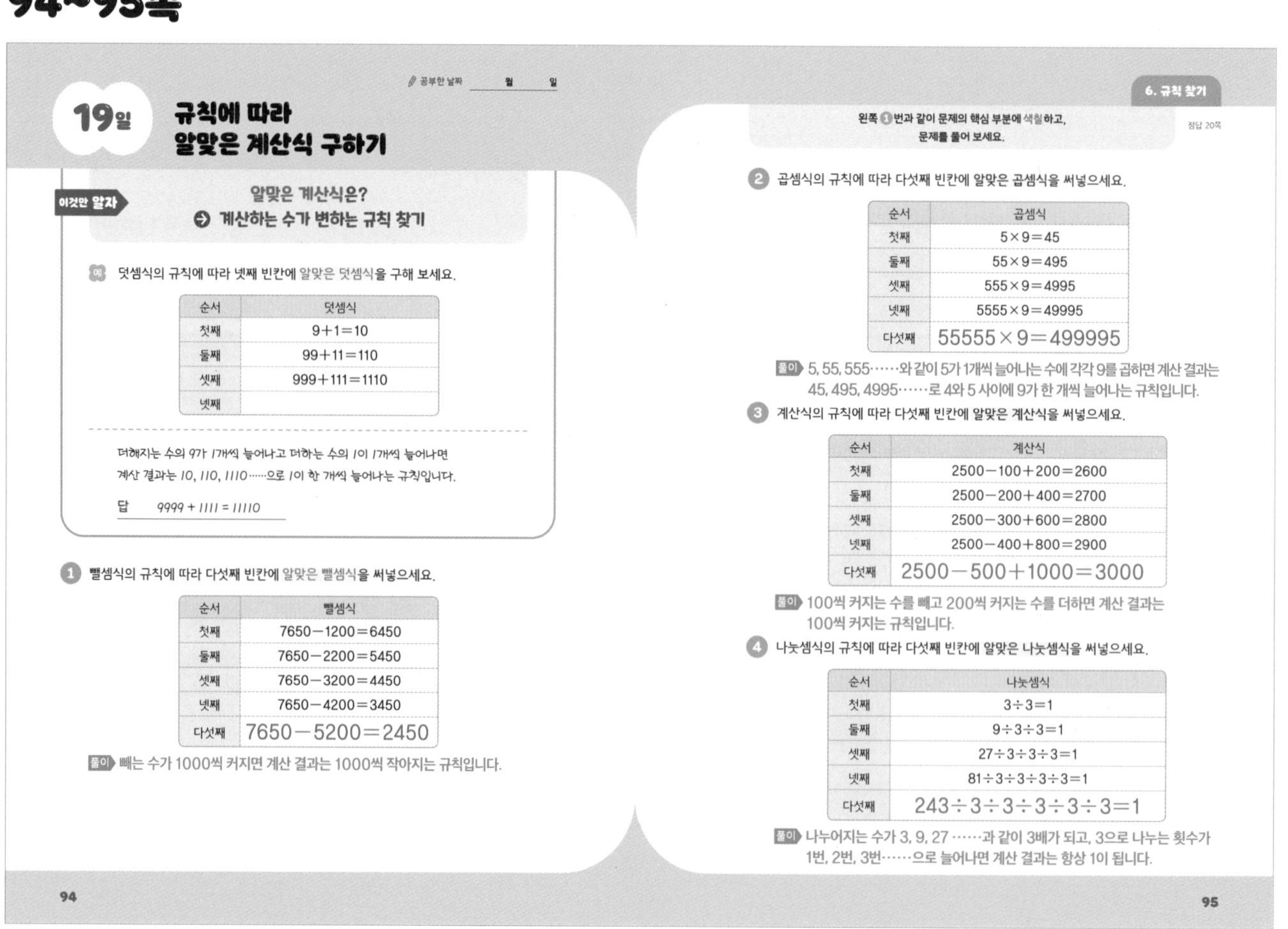

공부한 날짜 월 일

19일 규칙에 따라 알맞은 계산식 구하기

이것만 알자

알맞은 계산식은?
➲ 계산하는 수가 변하는 규칙 찾기

예 덧셈식의 규칙에 따라 넷째 빈칸에 알맞은 덧셈식을 구해 보세요.

순서	덧셈식
첫째	9+1=10
둘째	99+11=110
셋째	999+111=1110
넷째	

더해지는 수의 9가 1개씩 늘어나고 더하는 수의 1이 1개씩 늘어나면 계산 결과는 10, 110, 1110……으로 1이 한 개씩 늘어나는 규칙입니다.

답 9999 + 1111 = 11110

1 뺄셈식의 규칙에 따라 다섯째 빈칸에 알맞은 뺄셈식을 써넣으세요.

순서	뺄셈식
첫째	7650−1200=6450
둘째	7650−2200=5450
셋째	7650−3200=4450
넷째	7650−4200=3450
다섯째	7650−5200=2450

풀이 빼는 수가 1000씩 커지면 계산 결과는 1000씩 작아지는 규칙입니다.

94

6. 규칙 찾기

왼쪽 1번과 같이 문제의 핵심 부분에 색칠하고, 문제를 풀어 보세요.

정답 20쪽

2 곱셈식의 규칙에 따라 다섯째 빈칸에 알맞은 곱셈식을 써넣으세요.

순서	곱셈식
첫째	5×9=45
둘째	55×9=495
셋째	555×9=4995
넷째	5555×9=49995
다섯째	55555×9=499995

풀이 5, 55, 555……와 같이 5가 1개씩 늘어나는 수에 각각 9를 곱하면 계산 결과는 45, 495, 4995……로 4와 5 사이에 9가 한 개씩 늘어나는 규칙입니다.

3 계산식의 규칙에 따라 다섯째 빈칸에 알맞은 계산식을 써넣으세요.

순서	계산식
첫째	2500−100+200=2600
둘째	2500−200+400=2700
셋째	2500−300+600=2800
넷째	2500−400+800=2900
다섯째	2500−500+1000=3000

풀이 100씩 커지는 수를 빼고 200씩 커지는 수를 더하면 계산 결과는 100씩 커지는 규칙입니다.

4 나눗셈식의 규칙에 따라 다섯째 빈칸에 알맞은 나눗셈식을 써넣으세요.

순서	나눗셈식
첫째	3÷3=1
둘째	9÷3÷3=1
셋째	27÷3÷3÷3=1
넷째	81÷3÷3÷3÷3=1
다섯째	243÷3÷3÷3÷3÷3=1

풀이 나누어지는 수가 3, 9, 27……과 같이 3배가 되고, 3으로 나누는 횟수가 1번, 2번, 3번……으로 늘어나면 계산 결과는 항상 1이 됩니다.

95

96~97쪽

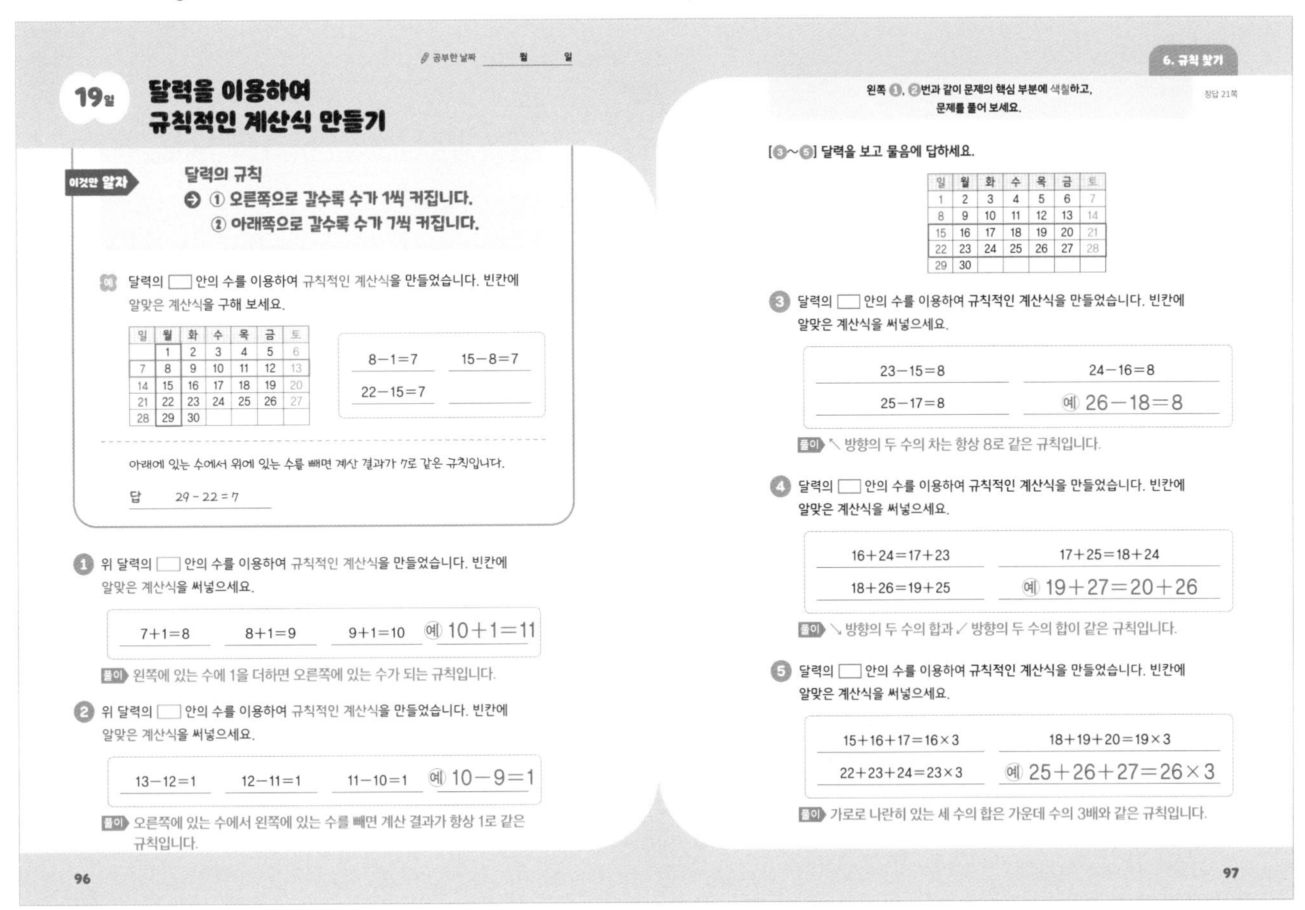

공부한 날짜 월 일

6. 규칙 찾기

19일 달력을 이용하여 규칙적인 계산식 만들기

이것만 알자

달력의 규칙

➊ ① 오른쪽으로 갈수록 수가 1씩 커집니다.
② 아래쪽으로 갈수록 수가 7씩 커집니다.

예 달력의 □ 안의 수를 이용하여 규칙적인 계산식을 만들었습니다. 빈칸에 알맞은 계산식을 구해 보세요.

일	월	화	수	목	금	토
	1	2	3	4	5	6
7	8	9	10	11	12	13
14	15	16	17	18	19	20
21	22	23	24	25	26	27
28	29	30				

8−1=7 15−8=7
22−15=7

아래에 있는 수에서 위에 있는 수를 빼면 계산 결과가 7로 같은 규칙입니다.

답 29−22=7

1 위 달력의 □ 안의 수를 이용하여 규칙적인 계산식을 만들었습니다. 빈칸에 알맞은 계산식을 써넣으세요.

7+1=8 8+1=9 9+1=10 예 10+1=11

풀이 왼쪽에 있는 수에 1을 더하면 오른쪽에 있는 수가 되는 규칙입니다.

2 위 달력의 □ 안의 수를 이용하여 규칙적인 계산식을 만들었습니다. 빈칸에 알맞은 계산식을 써넣으세요.

13−12=1 12−11=1 11−10=1 예 10−9=1

풀이 오른쪽에 있는 수에서 왼쪽에 있는 수를 빼면 계산 결과가 항상 1로 같은 규칙입니다.

96

정답 21쪽

왼쪽 ①, ②번과 같이 문제의 핵심 부분에 색칠하고, 문제를 풀어 보세요.

[3~5] 달력을 보고 물음에 답하세요.

일	월	화	수	목	금	토
1	2	3	4	5	6	7
8	9	10	11	12	13	14
15	16	17	18	19	20	21
22	23	24	25	26	27	28
29	30					

3 달력의 □ 안의 수를 이용하여 규칙적인 계산식을 만들었습니다. 빈칸에 알맞은 계산식을 써넣으세요.

23−15=8 24−16=8
25−17=8 예 26−18=8

풀이 ↖ 방향의 두 수의 차는 항상 8로 같은 규칙입니다.

4 달력의 □ 안의 수를 이용하여 규칙적인 계산식을 만들었습니다. 빈칸에 알맞은 계산식을 써넣으세요.

16+24=17+23 17+25=18+24
18+26=19+25 예 19+27=20+26

풀이 ↘ 방향의 두 수의 합과 ↙ 방향의 두 수의 합이 같은 규칙입니다.

5 달력의 □ 안의 수를 이용하여 규칙적인 계산식을 만들었습니다. 빈칸에 알맞은 계산식을 써넣으세요.

15+16+17=16×3 18+19+20=19×3
22+23+24=23×3 예 25+26+27=26×3

풀이 가로로 나란히 있는 세 수의 합은 가운데 수의 3배와 같은 규칙입니다.

97

98~99쪽

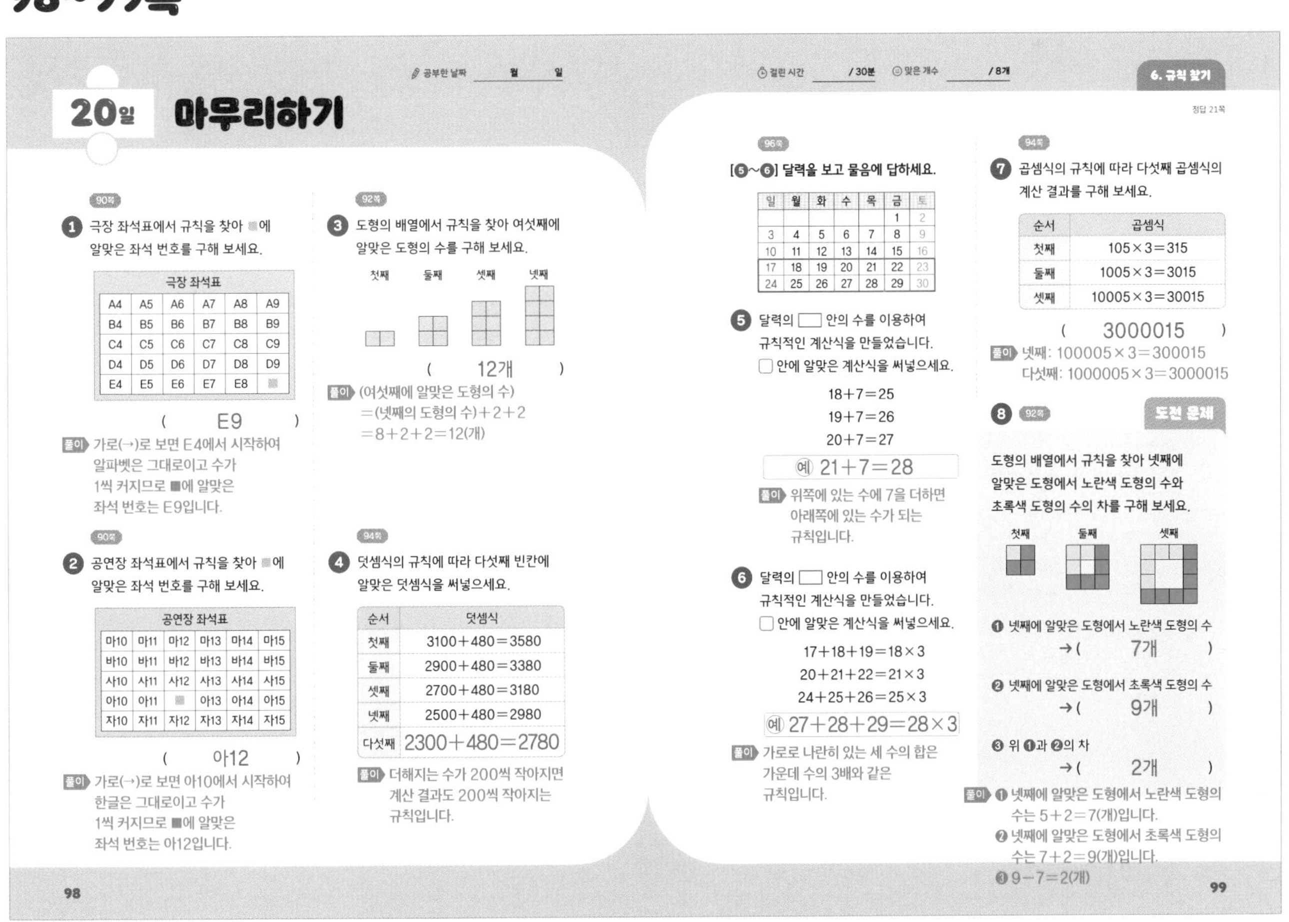

공부한 날짜 월 일

20일 마무리하기

90쪽

1 극장 좌석표에서 규칙을 찾아 ■에 알맞은 좌석 번호를 구해 보세요.

극장 좌석표

A4	A5	A6	A7	A8	A9
B4	B5	B6	B7	B8	B9
C4	C5	C6	C7	C8	C9
D4	D5	D6	D7	D8	D9
E4	E5	E6	E7	E8	■

(E9)

풀이 가로(→)로 보면 E4에서 시작하여 알파벳은 그대로이고 수가 1씩 커지므로 ■에 알맞은 좌석 번호는 E9입니다.

90쪽

2 공연장 좌석표에서 규칙을 찾아 ■에 알맞은 좌석 번호를 구해 보세요.

공연장 좌석표

마10	마11	마12	마13	마14	마15
바10	바11	바12	바13	바14	바15
사10	사11	사12	사13	사14	사15
아10	아11	■	아13	아14	아15
자10	자11	자12	자13	자14	자15

(아12)

풀이 가로(→)로 보면 아10에서 시작하여 한글은 그대로이고 수가 1씩 커지므로 ■에 알맞은 좌석 번호는 아12입니다.

92쪽

3 도형의 배열에서 규칙을 찾아 여섯째에 알맞은 도형의 수를 구해 보세요.

첫째 둘째 셋째 넷째

(12개)

풀이 (여섯째에 알맞은 도형의 수)
=(넷째의 도형의 수)+2+2
=8+2+2=12(개)

94쪽

4 덧셈식의 규칙에 따라 다섯째 빈칸에 알맞은 덧셈식을 써넣으세요.

순서	덧셈식
첫째	3100+480=3580
둘째	2900+480=3380
셋째	2700+480=3180
넷째	2500+480=2980
다섯째	2300+480=2780

풀이 더해지는 수가 200씩 작아지면 계산 결과도 200씩 작아지는 규칙입니다.

98

걸린 시간 /30분 맞은 개수 /8개

6. 규칙 찾기

정답 21쪽

96쪽

[5~6] 달력을 보고 물음에 답하세요.

일	월	화	수	목	금	토
					1	2
3	4	5	6	7	8	9
10	11	12	13	14	15	16
17	18	19	20	21	22	23
24	25	26	27	28	29	30

5 달력의 □ 안의 수를 이용하여 규칙적인 계산식을 만들었습니다. □ 안에 알맞은 계산식을 써넣으세요.

18+7=25
19+7=26
20+7=27
예 21+7=28

풀이 위쪽에 있는 수에 7을 더하면 아래쪽에 있는 수가 되는 규칙입니다.

6 달력의 □ 안의 수를 이용하여 규칙적인 계산식을 만들었습니다. □ 안에 알맞은 계산식을 써넣으세요.

17+18+19=18×3
20+21+22=21×3
24+25+26=25×3
예 27+28+29=28×3

풀이 가로로 나란히 있는 세 수의 합은 가운데 수의 3배와 같은 규칙입니다.

94쪽

7 곱셈식의 규칙에 따라 다섯째 곱셈식의 계산 결과를 구해 보세요.

순서	곱셈식
첫째	105×3=315
둘째	1005×3=3015
셋째	10005×3=30015

(3000015)

풀이 넷째: 100005×3=300015
다섯째: 1000005×3=3000015

8 92쪽 도전 문제

도형의 배열에서 규칙을 찾아 넷째에 알맞은 도형에서 노란색 도형의 수와 초록색 도형의 수의 차를 구해 보세요.

첫째 둘째 셋째

① 넷째에 알맞은 도형에서 노란색 도형의 수
→ (7개)

② 넷째에 알맞은 도형에서 초록색 도형의 수
→ (9개)

③ 위 ①과 ②의 차
→ (2개)

풀이 ① 넷째에 알맞은 도형에서 노란색 도형의 수는 5+2=7(개)입니다.
② 넷째에 알맞은 도형에서 초록색 도형의 수는 7+2=9(개)입니다.
③ 9−7=2(개)

99

실력 평가

100~101쪽

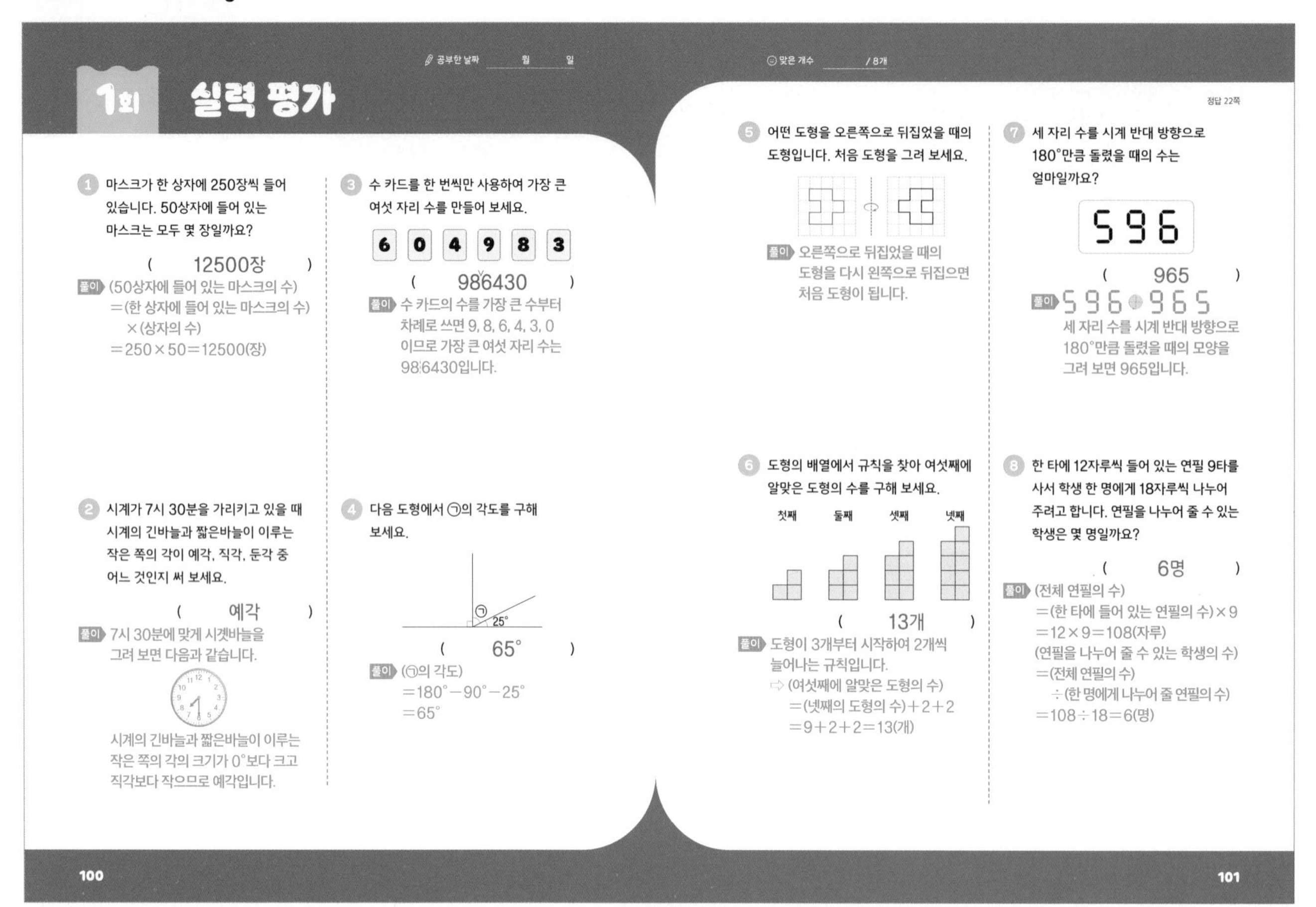

공부한 날짜 월 일 / 맞은 개수 /8개

1회 실력 평가

정답 22쪽

1 마스크가 한 상자에 250장씩 들어 있습니다. 50상자에 들어 있는 마스크는 모두 몇 장일까요?

(12500장)

풀이 (50상자에 들어 있는 마스크의 수)
=(한 상자에 들어 있는 마스크의 수)×(상자의 수)
=250×50=12500(장)

2 시계가 7시 30분을 가리키고 있을 때 시계의 긴바늘과 짧은바늘이 이루는 작은 쪽의 각이 예각, 직각, 둔각 중 어느 것인지 써 보세요.

(예각)

풀이 7시 30분에 맞게 시곗바늘을 그려 보면 다음과 같습니다.

시계의 긴바늘과 짧은바늘이 이루는 작은 쪽의 각의 크기가 0°보다 크고 직각보다 작으므로 예각입니다.

3 수 카드를 한 번씩만 사용하여 가장 큰 여섯 자리 수를 만들어 보세요.

6 0 4 9 8 3

(986430)

풀이 수 카드의 수를 가장 큰 수부터 차례로 쓰면 9, 8, 6, 4, 3, 0이므로 가장 큰 여섯 자리 수는 986430입니다.

4 다음 도형에서 ㉠의 각도를 구해 보세요.

(65°)

풀이 (㉠의 각도)
=180°−90°−25°
=65°

5 어떤 도형을 오른쪽으로 뒤집었을 때의 도형입니다. 처음 도형을 그려 보세요.

풀이 오른쪽으로 뒤집었을 때의 도형을 다시 왼쪽으로 뒤집으면 처음 도형이 됩니다.

6 도형의 배열에서 규칙을 찾아 여섯째에 알맞은 도형의 수를 구해 보세요.

첫째 둘째 셋째 넷째

(13개)

풀이 도형이 3개부터 시작하여 2개씩 늘어나는 규칙입니다.
⇨ (여섯째에 알맞은 도형의 수)
=(넷째의 도형의 수)+2+2
=9+2+2=13(개)

7 세 자리 수를 시계 반대 방향으로 180°만큼 돌렸을 때의 수는 얼마일까요?

596

(965)

풀이 596 ⇨ 965
세 자리 수를 시계 반대 방향으로 180°만큼 돌렸을 때의 모양을 그려 보면 965입니다.

8 한 타에 12자루씩 들어 있는 연필 9타를 사서 학생 한 명에게 18자루씩 나누어 주려고 합니다. 연필을 나누어 줄 수 있는 학생은 몇 명일까요?

(6명)

풀이 (전체 연필의 수)
=(한 타에 들어 있는 연필의 수)×9
=12×9=108(자루)
(연필을 나누어 줄 수 있는 학생의 수)
=(전체 연필의 수)÷(한 명에게 나누어 줄 연필의 수)
=108÷18=6(명)

100 101

102~103쪽

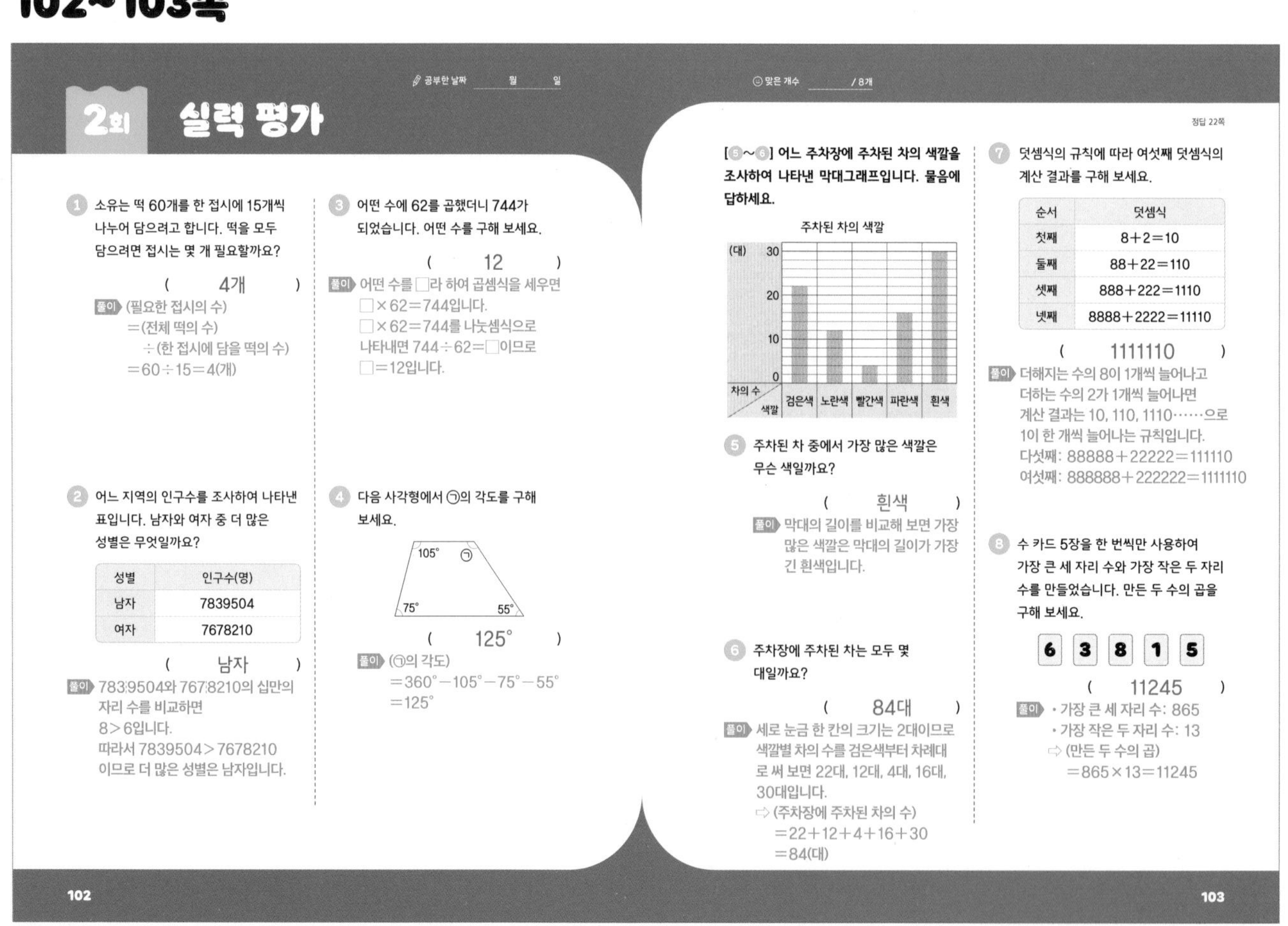

공부한 날짜 월 일 / 맞은 개수 /8개

2회 실력 평가

정답 22쪽

1 소유는 떡 60개를 한 접시에 15개씩 나누어 담으려고 합니다. 떡을 모두 담으려면 접시는 몇 개 필요할까요?

(4개)

풀이 (필요한 접시의 수)
=(전체 떡의 수)÷(한 접시에 담을 떡의 수)
=60÷15=4(개)

2 어느 지역의 인구수를 조사하여 나타낸 표입니다. 남자와 여자 중 더 많은 성별은 무엇일까요?

성별	인구수(명)
남자	7839504
여자	7678210

(남자)

풀이 7839504와 7678210의 십만의 자리 수를 비교하면 8>6입니다.
따라서 7839504>7678210이므로 더 많은 성별은 남자입니다.

3 어떤 수에 62를 곱했더니 744가 되었습니다. 어떤 수를 구해 보세요.

(12)

풀이 어떤 수를 □라 하여 곱셈식을 세우면 □×62=744입니다.
□×62=744를 나눗셈식으로 나타내면 744÷62=□이므로 □=12입니다.

4 다음 사각형에서 ㉠의 각도를 구해 보세요.

105° ㉠ 75° 55°

(125°)

풀이 (㉠의 각도)
=360°−105°−75°−55°
=125°

[5~6] 어느 주차장에 주차된 차의 색깔을 조사하여 나타낸 막대그래프입니다. 물음에 답하세요.

주차된 차의 색깔

(대) 30 20 10 0
차의 수 / 색깔: 검은색 노란색 빨간색 파란색 흰색

5 주차된 차 중에서 가장 많은 색깔은 무슨 색일까요?

(흰색)

풀이 막대의 길이를 비교해 보면 가장 많은 색깔은 막대의 길이가 가장 긴 흰색입니다.

6 주차장에 주차된 차는 모두 몇 대일까요?

(84대)

풀이 세로 눈금 한 칸의 크기는 2대이므로 색깔별 차의 수를 검은색부터 차례대로 써 보면 22대, 12대, 4대, 16대, 30대입니다.
⇨ (주차장에 주차된 차의 수)
=22+12+4+16+30
=84(대)

7 덧셈식의 규칙에 따라 여섯째 덧셈식의 계산 결과를 구해 보세요.

순서	덧셈식
첫째	8+2=10
둘째	88+22=110
셋째	888+222=1110
넷째	8888+2222=11110

(1111110)

풀이 더해지는 수의 8이 1개씩 늘어나고 더하는 수의 2가 1개씩 늘어나면 계산 결과는 10, 110, 1110……으로 1이 한 개씩 늘어나는 규칙입니다.
다섯째: 88888+22222=111110
여섯째: 888888+222222=1111110

8 수 카드 5장을 한 번씩만 사용하여 가장 큰 세 자리 수와 가장 작은 두 자리 수를 만들었습니다. 만든 두 수의 곱을 구해 보세요.

6 3 8 1 5

(11245)

풀이 • 가장 큰 세 자리 수: 865
• 가장 작은 두 자리 수: 13
⇨ (만든 두 수의 곱)
=865×13=11245

102 103

MEMO

MEMO